Hugo Mauricio Jiménez M.
Silvia Rosy Gómez D.

Manual de Prácticas de Laboratorio de Biotecnología.

Hugo Mauricio Jiménez M.
Silvia Rosy Gómez D.

Manual de Prácticas de Laboratorio de Biotecnología.

Guías de Laboratorio de Biotecnología Industrial, Biotecnología Ambiental y Biología Molecular.

Editorial Académica Española

Imprint
Any brand names and product names mentioned in this book are subject to trademark, brand or patent protection and are trademarks or registered trademarks of their respective holders. The use of brand names, product names, common names, trade names, product descriptions etc. even without a particular marking in this work is in no way to be construed to mean that such names may be regarded as unrestricted in respect of trademark and brand protection legislation and could thus be used by anyone.

Cover image: www.ingimage.com

Publisher:
Editorial Académica Española
is a trademark of
International Book Market Service Ltd., member of OmniScriptum Publishing Group
17 Meldrum Street, Beau Bassin 71504, Mauritius
Printed at: see last page
ISBN: 978-620-2-81400-3

Manual de Prácticas de Laboratorio de Biotecnología.

Por:

Prof. Hugo Mauricio Jiménez M.
Microbiólogo, M. Sc.

Prof. Silvia Rosy Gómez D.
Bacterióloga, M. Sc.

Noviembre de 2020.

Contenido

Presentación

La Microbiología como ciencia multidisciplinaria reciente que integra adelantos Biotecnológicos en áreas de estudio como la Medicina, el Medio Ambiente, y el Industrial, ha permitido el desarrollo de variados productos microbiológicos de interés biotecnológico de aplicación como lo es el control biológico, la biorremediación y la producción a gran escala de antibióticos, vacunas, anticancerígenos, enzimas, bioinsecticidas, y biofertilizantes, entre otros.

Es importante la comprensión de la biotecnología desde lo biológico, ambiental e industrial, lo que contribuiría al desarrollo de una capacidad científica en estudiantes de Ciencias Biológicas.

Así mismo, en nuestro planeta Tierra hay una gran biodiversidad; se estiman unos 15 millones de especies y se han clasificado taxonómicamente en los principales grupos; virus, arqueobacterias, bacterias, hongos, protozoos, algas, plantas, nematodos, moluscos, crustáceos, insectos, arácnidos, aves, anfibios, reptiles, peces y mamíferos.

En Colombia un país megadiverso debido a su variabilidad de ecosistemas, climas, suelo y tener los océanos Atlántico y Pacífico en sus costas, posee una alta diversidad de aves, mariposas, orquídeas, plantas, reptiles, anfibios y primates, y sobre la diversidad microbiana se conoce muy poco, por esta razón es importante realizar estudios que conduzcan al conocimiento de esta diversidad como lo sería la aplicación de microorganismos como bacterias y microhongos con fines biotecnológicos.

La Bioprospección se define como la búsqueda de organismos como arqueobacterias, bacterias, hongos, algas, plantas y animales de beneficio para la humanidad desde un punto de vista Médico, Ambiental o Agronómico.

Con el desarrollo de estas Guías Prácticas de Laboratorio de Biotecnología planteadas en este Manual, los estudiantes podrán integrar otras áreas del conocimiento como microbiología industrial y ambiental, morfología y fisiología microbiana, biología molecular, bioquímica, biofísica, entre otras, y así mismo adquirirán habilidades y destrezas en el manejo de instrumentos y equipos de laboratorio y manipulación de microorganismos como bacterias y microhongos, y también se desarrollarán habilidades cognitivas mediante la metodología aprender – haciendo, y se generarán estrategias didácticas para el estudio de la fisiología y biología de bacterias y microhongos, en los cuales se propicie el aprendizaje actitudinal y científico dirigido hacia la investigación en Biotecnología, Microbiología Industrial, Microbiología Ambiental, y Biología Molecular.

Este tipo de aprendizaje cognitivo y actitudinal genera en los estudiantes habilidades de investigación y una actitud positiva, lo cual permite un desarrollo intelectual, científico y ético; este tipo de enseñanza en investigación formativa integral en los estudiantes les será de gran aporte en su futura vida profesional.

Este Manual de Prácticas de Laboratorio de Biotecnología contiene 10 Guías Prácticas diseñadas a partir de experiencias profesionales de los autores y de la aplicación de bacterias y microhongos y son de fácil realización contando con los reactivos y equipos de un laboratorio básico de biología.

Estas 10 Guías Prácticas de Laboratorio sirven de formación científica a estudiantes y profesionales de Ciencias Biológicas, y como también de motivación para el diseño, desarrollo y realización de proyectos de investigación en Biotecnología.

Esperamos que este Manual de Prácticas de Laboratorio de Biotecnología sea de su agrado y de gran utilidad en su quehacer investigativo.

Hugo Mauricio Jiménez M.

Introducción

Existen muchas definiciones de Biotecnología y una de ellas es la del Convenio sobre la Biodiversidad Biológica (Naciones Unidas, 1992) el cual indica que es *"toda aplicación tecnológica que utilice sistemas biológicos y organismos vivos o sus derivados para la creación o modificación de productos o procesos para usos específicos"*. Esta utilización de los sistemas biológicos no solo hace referencia a la modificación derivada de la Ingeniería Genética, la cual es llamada "Biotecnología Moderna" sino aquellos que se han realizado durante miles de años como los procesos de fermentación por parte de los microorganismos para la elaboración de alimentos como la cerveza, el vino, el pan, el queso, y el yogurt, entre otros, los cuales están agrupados en la "Biotecnología Tradicional" (Occelli, 2013).

Como se puede apreciar la Biotecnología desde sus inicios ha estado presente en toda la historia de la humanidad con un impacto social, ambiental y económico y aún sigue siendo un elemento constitutivo de la cultura del siglo XXI. En Colombia con el Programa Nacional de Biotecnología se contribuye al *"incremento del desarrollo, bienestar y competitividad económica a partir del conocimiento, protección y aprovechamiento de la biodiversidad"* (Minciencias, 2020).

Por lo tanto, todo organismo tiene una potencialidad biotecnológica con influencia en los campos agrícola, ambiental, médico e industrial entre otros, y además la Biotecnología como ciencia multidisciplinaria contribuye a la aprehensión de contenidos disciplinares actualizados relacionados con la biodiversidad, así como con el fortalecimiento y el desarrollo de competencias científicas, actitudinales, procedimentales, valorativas y metacognitivas.

El objetivo del "Manual de Prácticas de Laboratorio de Biotecnología" es crear una cultura investigativa en Biotecnología mostrando unas metodologías de fácil realización mediante el uso de bacterias y microhongos. Este contiene 10 Guías Prácticas de Laboratorio que están conformadas por: introducción, objetivos, materiales y reactivos, metodología, cuestionario y bibliografía.

Consideramos que este material no solo contribuirá a la formación científica de estudiantes y profesionales sino a la motivación para el diseño, desarrollo y realización de proyectos de investigación en diversas áreas de la Biotecnología.

En el área de Biotecnología Industrial las Guías Prácticas de Laboratorio: Producción de Ácido Acético mediante las bacterias *Acetobacter* sp y *Gluconobacter* sp, Fermentación acido – láctica: Producción de Yogurt y Fermentación Alcohólica: Producción de Vino, Screening de celulasas *in vitro* a partir de *Penicillium aurantiogriseum,* Pruebas de producción de amilasas *in vitro* con *Aspergillus fumigatus,* permitirán al lector conocer, aprender y aplicar microorganismos de interés en fermentaciones y producción de enzimas.

En Biotecnología Ambiental las Guías Prácticas de Laboratorio: Bioensayos de Biodegradación de Petróleo Crudo con *Pseudomonas fluorescens,* Potencial antagónico de *Trichoderma harzianum,* Biofertilizantes para la mejora del crecimiento y desarrollo de la Soya, estimularán al lector a conocer y aprender sobre temas relacionados en Biorremediación, Control Biológico y Biofertilizantes.

En Biología Molecular las Guías Prácticas de Laboratorio: Extracción de ADN nuclear a partir de *Saccharomyces cerevisiae* y Extracción de ADN plasmídico a partir de *Pseudomonas fluorescens* permitirán al lector aprender sobre técnicas de extracción de ADN a partir de microorganismos.

Por lo anterior, nuestro objetivo principal de este Manual de Prácticas de Laboratorio de Biotecnología es crear una cultura investigativa en Biotecnología mostrando unas metodologías mediante la aplicación de bacterias y microhongos, y que son de fácil realización y podrán llevarse a diversas áreas de investigación.

Bibliografía

Minciencias. Programa Nacional de Biotecnología de Colciencias. 2020 http://www.colciencias.gov.co/node/1133

Naciones Unidas. 1992. *Convenio sobre la Diversidad Biológica.* Río de Janeiro-Brasil: Naciones Unidas. Disponible en: http://www.cbd.int/convention/articles/?a=cbd-02

Occelli, M. 2013. Enseñar biotecnología en la escuela: aportes y reflexiones didácticas. Revista Boletín Biológica n° 27 - año 7 Pág. 9- 13.

Producción de Ácido Acético mediante las bacterias *Acetobacter* sp y *Gluconobacter* sp.

Por: Hugo Mauricio Jiménez M.

Introducción

El ácido acético, también llamado ácido etanoico o ácido metilencarboxílico, es un ácido orgánico de dos átomos de carbono, se puede encontrar en forma de ion acetato. Su fórmula es CH_3-$COOH$ ($C_2H_4O_2$), siendo el grupo carboxilo es el que le confiere las propiedades ácidas a la molécula. Este es un ácido que se encuentra en el vinagre, que produce su sabor y olor agrio (Speight, James G. 2002).

El ácido acético es producido mediante la fermentación de varios sustratos, como solución de almidón, soluciones de azúcar, o productos alimenticios alcohólicos como vino o sidra, mediante bacterias acido acéticas, este ácido acético se obtiene por síntesis y por fermentación bacteriana, aportando esta un 10 % de la producción mundial. El 75% obtenido en la industria química es preparado por carbonilación del metanol (Speight, James G. 2002).

Las bacterias ácido acéticas están presentes de forma natural en la uva, pueden soportar las condiciones de vinificación y llegan a la maduración del vino con un metabolismo activo, estas bacterias son grandes productoras de ácido acético y acetaldehído, elevando la acidez volátil del vino y necesitan de oxígeno para crecer; los procesos que oxigenan el vino favorecen el crecimiento y el metabolismo de estas bacterias (Hernández, I & f. Barbero 2008).

Las bacterias ácido acéticas realizan la acetificación de productos fermentados por su capacidad oxidar alcohol a ácido acético. Estas bacterias presentan importancia en la industria de vinos, ya que pueden alterar las características organolépticas y calidad de vino al oxidar el alcohol etílico en ácido acético.

Las bacterias del ácido acético (BAA) pertenecen a la familia *Acetobacteriaceae*; están incluidas en el grupo de las α-Proteobacterias. Son microorganismos Gram-negativos, de forma elipsoidal o cilíndrica que pueden encontrarse aislados, en parejas o formando cadenas. Son móviles por flagelación polar o perítrica. Presentan actividad catalasa positiva, oxidasa negativa y no forman endosporas. Utilizan el oxígeno como aceptor final de electrones, por lo que tienen un metabolismo aerobio estricto, con el oxígeno como aceptor final de electrones (Gerard, L. 2015).

La oxidación del etanol a ácido acético es la característica más conocida de las bacterias ácido-acéticas, este proceso bioquímico consta de dos etapas: en la primera el etanol es transformado en acetaldehído por la enzima alcohol deshidrogenasa (ADH) y posteriormente, el acetaldehído se transforma en ácido acético por la enzima acetaldehído deshidrogenasa (ALDH) (Gerard, L. 2015).

Algunas bacterias pueden producir altas concentraciones de ácido acético, hasta150g/L (Gerard, L. 2015), esta característica es muy importante para la industria del vinagre.

Los géneros bacterias ácido acéticas como *Acetobacter, Gluconobacter* y *Gluconacetobacter* pueden ser utilizados para el desarrollo de un cultivo para la oxidación de mostos alcohólicos obtenidos a partir de frutos, con el fin de obtener ácido acético (Gerard, L. 2015), a nivel industrial las bacterias ácido acéticas tienen una importancia industrial en la producción de vinagre (ácido acético).

La transformación del jugo de piña en ácido acético, es un proceso biotecnológico el cual se produce mediante dos fermentaciones sucesivas; la alcohólica y acética.

En la fermentación alcohólica la levadura *Saccharomyces cerevisiae* transforma la sacarosa en etanol, es un proceso anaeróbico el cual es más eficiente por las características bioquímicas de la piña. Luego las bacterias *Acetobacter* sp y *Gluconobacter* sp, oxidan el etanol y producen ácido acético, mediante un proceso aeróbico.

Según Microbiología General, 2008-2009, citado por Bernal, C & L. Cortes, 2010) otros métodos de producción de ácido acético son:

Método Orleans: se lleva a cabo llenando la cuarta parte de un barril de madera utilizado para la maduración del vino con vinagre fresco obtenido por fermentación de *Acetobacter* sp y *Gluconobacter* sp las cuales proporciona un inóculo fresco, luego se añade la bebida fermentada de alcohol, el recipiente se deja abierto para que se produzca un intercambio de oxígeno, el proceso dura varias semanas y la eficiencia depende de la disponibilidad de oxígeno.

Método de Burbujeo: se trata de un proceso de fermentación sumergida en la cual el oxígeno se suministra mediante un proceso de burbujeo de aire. La velocidad de adición del etanol se regula para permitir una conversión eficiente a vinagre llegando a una producción del 98%.

Algunas aplicaciones del ácido acético según www.ecured.cu/Acido_acetico son:

- Se utiliza como condimento
- Se emplea en la fabricación de ésteres o esencias.

- Fijador de colores
- Disolvente
- Materia prima en la obtención de acetona, acetatos, aspirina y otros derivados.
- En apicultura es utilizado para el control de las larvas y huevos de las polillas de la cera.
- Producción de acetato de sodio y como agente de extracción de antibióticos.
- Como bactericida.
- Neutralizante y en procesos de teñido en industria textil y de cuero.
- Como agente acidulante y para la preparación de ésteres frutales en la industria alimenticia.
- Ingrediente de insecticidas.

Objetivos

- Realizar una Fermentación para producción de etanol partir de jugo de piña fermentado utilizando la levadura *Saccharomyces cerevisiae*.

- Observar la de producción de etanol por *Saccharomyces cerevisiae*.

- Realizar una Fermentación para producción de ácido acético partir de jugo de piña fermentado utilizando las bacterias *Acetobacter* sp y *Gluconobacter* sp.

- Observar la de producción de ácido acético por *Acetobacter* sp y *Gluconobacter* sp.

- Desarrollar destrezas en el manejo de instrumentos de laboratorio.

Materiales, reactivos y equipos.

- Levadura activa de levapan: *Saccharomyces cerevisiae*.

- Cultivos puros de *Acetobacter* sp y *Gluconobacter* sp.

- Agua destila esteril.
- Asa
- Frascos Oscuros.
- Sacarosa.
- Cinta de pH.
- Jugo de Piña.
- Balanza.
- Alcoholímetro.
- corcho o tapón de gasa y algodón

Metodología

Producción de Etanol:

1. En frascos oscuros adicionar un litro de jugo de piña, luego agregar 5 g de levadura activa de levapan y 10 g sacarosa, agitar bien, tapar con corcho (o tapón de gasa y algodón) y dejar a temperatura promedio de 20 °C por 7 días.

2. Después de los 7 días colocar los 1000 mL del cultivo en una Probeta de 1000 mL y con un alcoholímetro medir el porcentaje de etanol. Si la producción de etanol es baja dejar otros 7 días y medir nuevamente el porcentaje de etanol.

3. Cada vez que se realice el paso 2, realizar la respectiva degustación, bouquet y textura del licor.

Producción de Ácido Acético:

1. En los frascos oscuros de un Litro en donde se realizó la fermentación alcohólica (Producción de etanol) adicionar 10 mL de inóculo* de las bacterias *Acetobacter* sp y *Gluconobacter* sp, agitar bien, tapar con corcho (o tapón de gasa y algodón) y dejar a temperatura promedio de 20 °C por 7 días.

*Este inóculo se obtiene al adicionar 5 mL de agua destilada esteril en cultivos frescos respectivamente de *Acetobacter* sp y *Gluconobacter* sp en tubos de ensayo inclinados con Agar Nutritivo desprendiendo con asa redonda.

2. Después de los 7 días colocar medir el pH con una cinta de pH, y reportar el resultado.

3. Realizar la respectiva degustación, si presenta sabor a vinagre, el resultado es positivo.

Cuestionario

1. Explique la ruta metabólica de producción de etanol mediante la glicolisis.

2. Explique la ruta metabólica de la oxidación de etanol para producción de ácido acético.

3. En este Bioproceso que se realizo para producción de ácido acético ¿es a gran escala o pequeña escala? Explique por qué.

4. ¿Cómo haría un Bioproceso de escalado para producción de ácido – acético?

5. Consulte el nombre científico de 10 bacterias relacionadas con la producción de ácido acético.

Bibliografía

- Cindy Bernal, Lina Cortes, 2010.
Aislamiento, Caracterización y Conservación de Bacterias Ácido – Acéticas a partir de productos fermentados tradicionales. Trabajo de Grado. Departamento de Biología – UPN. Colombia.

- Cindy Bernal, Lina Cortes, Hugo Mauricio Jiménez M. 2011.
Aislamiento, Caracterización y Conservación de Bacterias Acido – Acéticas a partir de productos fermentados tradicionales como una herramienta pedagógica.
BIO – GRAFIA. Vol 4, No. 7 – 2011., págs. 108-111. ISSN 2027 – 1034.

- Gerard, L. 2015. Caracterización de bacterias del ácido acético destinadas a la producción de vinagres de frutas. Tesis Doctoral Universidad Nacional de Entre Ríos y Universidad Politécnica de Valencia. Disponible en: https://riunet.upv.es/bitstream/handle/10251/59401/GERARD
Fecha de Revisión: 06/03/2019.

- Hernández, I & f. Barbero, 2008. Bacterias acéticas: técnicas de detección y eliminación. Disponible   en: http://www.guserbiot.com/pdf/Guserbiot_Viticultura_Bacterias_Aceticas.pdf
Fecha de Revisión: 07/03/2019.

- Microbiología General. 2008 – 2009. Genetics and Microbiology Research Group: http://www.unavarra.es/genmic/hall/docencia.htm, citado por Cindy Bernal, Lina Cortes, 2010.

- Speight, James G. 2002. Chemical Process and Design Handbook. Ed. McGraw-Hill Citado en: Ácido acético: Disponible en: www.ecured.cu/Acido_acetico. Fecha de revisión: 05/03/2019.

Fermentación acido – láctica: Producción de Yogurt

Por: Hugo Mauricio Jiménez M.

Introducción

El yogurt es un alimento muy antiguo. Los primeros vestigios de su existencia datan de entre 10.000 y 5.000 a. C., en el Neolítico.

El origen del yogur se sitúa en Turquía aunque también hay quien lo ubica en la península balcánica, Bulgaria o Asia Central. Su nombre tiene el origen en un término búlgaro, *iaurt*. Se cree que su consumo es anterior al comienzo de la agricultura.

Los pueblos nómadas transportaban la leche fresca que obtenían de los animales en sacos generalmente de piel de cabra. El calor y el contacto de la leche con la piel de cabra propiciaban la multiplicación de las bacterias ácidas que fermentaban la leche. La leche se convertía en una masa semisólida y coagulada. Una vez consumido el fermento lácteo contenido en aquellas bolsas, éstas se volvían a llenar de leche fresca que se transformaba nuevamente en leche fermentada por los residuos que quedaban.

El yogurt se convirtió en el alimento básico de los pueblos nómadas por su facilidad de transporte y conservación. Sus saludables virtudes eran ya conocidas en la Antigüedad.

El yogurt es una forma de leche ácida modificada, para su elaboración se puede partir no solo de leche vacuna sino también de cabra y oveja, entera, parcial ó totalmente descremada, previamente hervida ó pasteurizada.

El tipo de leche utilizada para su elaboración depende del lugar en donde se elabora y consume. Tanto en centro, Norte y Suramérica, como en Europa occidental la preferencia y producción se basa en la leche de vaca; en Turquía y Europa oriental de cabra y en Egipto e India de Búfalo.

En la actualidad, el yogurt está ampliamente reconocido como un alimento saludable. Los fabricantes han respondido al crecimiento del consumo de yogurt introduciendo numerosos tipos diferentes de yogurt, entre ellos, los bajos en grasas y 0 %, los cremosos, los líquidos para beber, los biológicos, los orgánicos, para bebés, con frutas y helados. Los ingredientes básicos y su fabricación prácticamente son similares:

- Primero, la leche cruda se transporta de la explotación ganadera a la fábrica, donde será procesada.

- Cuando la leche llega a la planta, se modifica su composición antes de utilizarse para hacer yogurt. A continuación, la leche se estandariza por su extracto seco, se pasteuriza (a 80 °C) y se homogeniza.
- Una vez finalizados los procesos de pasteurización y homogenización, la leche tiene que enfriarse a 43-46 °C y se añade el cultivo de fermentación en una concentración de cerca del 2 %. Los cultivos están compuestos de dos bacterias de ácido lácticas: *Streptococcus thermophilus* y *Lactobacillus delbrueckii subsp. bulgaricus,* y *Lactococcus lactis.* Estas bacterias fermentan su consistencia, sabor, aroma y beneficios para la salud, además de facilitar la digestión.
- Después de enfriarse, se puede añadir fruta, azúcar y otros ingredientes para obtener una amplia variedad de productos, y seguidamente se envasa el yogurt.
- Por último, el producto se enfría y almacena a temperaturas de refrigeración (4 °C) para su conservación.

Tipos de yogurt:

- En el yogurt batido, la leche se fermenta en un tanque de fermentación con revestimiento. Tras la fermentación, el contenido se mezcla, y se adicionan frutas y aromas. Seguidamente se deja enfriar y los productos se envasan y almacenan a temperaturas de refrigeración.
- En el yogurt firme, también conocido como de estilo francés, la leche se inocula con fermentos y se le añaden otros ingredientes (preparado de fruta, azúcar, aromas) antes del envasado. El proceso de fermentación tiene lugar en los envases durante el periodo de incubación, una vez que el producto se ha enfriado y almacenado a temperaturas de refrigeración.
- El yogurt líquido es un yogur batido que posee un bajo contenido total de sólidos y se somete a un proceso de homogenización para reducir su viscosidad. Posteriormente, pueden añadirse ingredientes endulzantes, aromatizantes o colorantes y, por último, se envasa el producto en botellas.

Durante la fermentación láctica (producción de yogurt), el azúcar de la leche (lactosa) se transforma primero en azúcares simples, concretamente en glucosa y galactosa, para después convertirse en ácido láctico, este aporta una acidez (pH 4.5), que precipita las proteínas (caseínas) y concentra la leche lo que da al yogurt su textura especial, creando así la textura específica del yogurt, además, la fermentación láctica produce péptidos, aminoácidos que le confieren al yogurt su sabor característico.

La composición de nutrientes del yogurt está basada en la composición de nutrientes de la leche de la que deriva. La composición final viene determinada por la fuente y el tipo de sólidos de la leche que se añadan antes de la fermentación, la fermentación láctica y las cepas de bacterias empleadas en la fermentación, la temperatura, la duración del proceso de fermentación, el tiempo de almacenamiento, y los ingredientes (como la fruta) que puedan añadirse al yogurt.

Beneficios del Yogurt: es fuente de proteínas y grasas lácteas, debido al proceso de fermentación bacteriano, la lactosa también se fermenta, lo que significa que las personas intolerantes a la lactosa sí pueden consumir yogurt. Además, es rico en calcio y en algunas vitaminas del grupo B. También es beneficioso para el sistema inmunitario, porque ayuda a combatir las infecciones y disminuye los efectos negativos de los antibióticos. Además, estabiliza la flora intestinal y el conjunto de microorganismos del sistema digestivo. Favorece la absorción de las grasas, por lo que es un aliado contra el sobrepeso, es bueno para la piel y combate las diarreas y el estreñimiento, así como también facilita la asimilación de nutrientes y reduce el colesterol.

Objetivos

- Realizar una Fermentación acido – láctica a partir de leche utilizando un cultivo de *Lactobacillus bulgaricus*, *Lactococcus lacti*s, y *Streptococcus thermophilus*.

- Obtener la habilidad de analizar una Fermentación Láctica.

- Desarrollar destrezas en el manejo de instrumentos de laboratorio.

- Potencializar habilidades cognitivas.

Materiales, reactivos y equipos.

- 1 Litro de Leche.
- Termómetro.
- Leche en polvo.
- Una cuchara grande.
- Yogurt sin dulce (cultivo).
- Fruta o mermelada.
- Vasos plásticos.
- Nevera.

Proceso General de Producción de Yogurt:

1. Selección de la leche: la leche debe tener alto contenido proteico.

2. Pasterización: el propósito es concentrar las proteínas séricas, la temperatura ideal es de 88 °C a 95 °C de 5 a 10 minutos.

3. Concentración: se adiciona leche en polvo, esta se disuelve en leche tibia y luego se adiciona la yogurth.

4. Cultivo: compuesto por las bacterias acido – lácticas: *Lactobacillus bulgaricus* y *Lactococcus lactis*. La incubación del cultivo se realiza por 2 horas a 44 °C.

5. Siembra: después de la pasterización la leche se enfría y se siembra el cultivo en proporción de 3% agitando bien.

6. Envasado: se siembra en vasos plásticos y se tapa con vinipel.

7. Incubación: se incuba a temperatura de 42 °C.

8. Preparación del yogurth: se adicionan frutas o mermeladas después de la incubación.

9. Conservación: se deja en nevera a 4 °C.

Metodología

1. Hervir 1 Litro de leche y enfriar a 60 °C.

2. Adicionar 3 cucharadas de leche en polvo, mezclar y enfriar a 42 °C.

3. Adicionar 3 cucharadas de yogurt sin dulce (cultivo de *Lactobacillus bulgaricus* y *Lactococcus lactis*) y mezclar.

4. Adicionar fruta o mermelada.

5. Servir en frascos plásticos.

6. Incubar a 44 °C por 4 horas.

7. Refrigerar a 4 °C.

8. Degustar, 12 horas después de la refrigeración.

Cuestionario

1. Explique la ruta metabólica de producción de ácido láctico mediante la glicolisis.

2. Consulte el nombre científico de otras 3 bacterias utilizadas en la producción de yogurt.

3. ¿Cómo haría un Bioproceso de escalado para producción industrial de yogurt?
4. Consulte empresas dedicadas a la producción de yogurt en Colombia.

Bibliografía

- Lozada, K. 2000. Guías de Laboratorio de Microbiología Industrial. Universidad de los Andes. Facultad de Ciencias. Departamento de Ciencias Biológicas. Colombia.

Cibergrafía

- Que es el yogur, disponible en: https://ww-w.yogurtinnutrition.com/es/que-es-el-yogur-preguntas-frecuentes/ Fecha de Revisión: 12/03/2019.

- El yogurt, disponible en: https://www.zonadiet.com/bebidas/yogurt.htm Fecha de Revisión: 12/03/2019.

- Yogur, disponible en https://es.wikipedia.org/wiki/Yogur#cite_note-monografia-7 Fecha de Revisión: 12/03/2019.

- Yogur Natural, disponible en https://biotrendies.com/lacteos/yogur-natural Revisión: 12/03/2019.

Fermentación Alcohólica: Producción de Vino.

Por: Hugo Mauricio Jiménez M.

Introducción

Historia

El cultivo de la vid (*Vitis vinifera sylvestris*) y la elaboración de bebidas a partir de las uvas (en forma de zumos con añadido de azúcares) ya se realizaban en torno a los años 6.000 y 5.000 a.C., no es hasta la Edad de Bronce (3.000 a.C.) cuando se estima que se produjo el verdadero nacimiento del vino . Los arqueólogos han encontrado indicios que fijan el origen de la primera cosecha de vino en Súmer, en las fértiles tierras del Tigris y el Éufrates en la antigua Mesopotamia.

Desde Súmer llegó a Egipto, donde rivalizaría con la cerveza que se elaboraba en el Antiguo Egipto (3.000 a.C.). Las orillas del Nilo fueron tierras de cultivo de la vid y en torno a estas plantas, se desarrolló toda una actividad laboral e industrial. Los egipcios fermentaban el mosto en grandes vasijas de barro, y producían vino tinto. El vino se convirtió en símbolo del estatus social y era empleado en ritos religiosos y festividades paganas. Los faraones eran enterrados con vasijas de barro que contenían vino y en las pirámides se han hallado grabados que simbolizan el cultivo de la vid, la recolección, elaboración y disfrute del vino en fiestas y actos religiosos.

La adaptabilidad de la vid (*Vitis vinifera*) favoreció su expansión por Europa Occidental a través de las rutas comerciales, llegando hasta China. Se cree que la vid llegó a la Península Ibérica antes que los fenicios alrededor del 3.000 a.C.

 En el 700 a.C., el vino llega en su proceso expansivo a la Grecia clásica. Los griegos tomaban el vino en ritos religiosos, funerarios y fiestas populares, además, asignaron al vino una divinidad: Dyonisos, que aparece siempre representado con una copa en la mano. Los griegos crearon recipientes de diferentes tamaños para el almacenamiento del vino: *ánforas* de gran tamaño, que se sellaban con resina de pino; *cráteras* de tamaño medio; y pequeños *aoinojé* y *ritones*.

Producción de Vino:

El tipo de vino viene determinado principalmente por la variedad de uva, sus metabolitos secundarios son la fuente del aroma, color y sabor del vino. Su concentración depende de la variedad, del microclima y de la planta de uva. La vid requiere baja nutrición nitrogenada. Un exceso de fertilizantes nitrogenados puede ser negativo para los componentes gustativos del vino (Wyss, G & Bon van Elzakker, 2005).

Según Campus Internacional del vino, las partes del proceso de producción de vino son:

-**Vendimia:** es la recolección de la uva, por ejemplo en España se realiza entre los meses de septiembre y octubre. Además, cuando se recoge la uva tiene que mostrar un estado apto de maduración para poder extraer la mayor calidad de ella.

- **Despalillado:** en este proceso se separan las uvas del resto del racimo, el objetivo de separar las uvas de las ramas y/o hojas debido a que aportan sabores y aromas que son amargos para la producción de vino.

- **Estrujado:** las uvas se pasan por una pisadora para conseguir que se rompa la cascara de la uva, llamada *hollejo*, así se extrae el jugo para facilitar el siguiente paso, pero no se debe estrujar demasiado para evitar que se rompan las semillas de las uvas, que aportarían amargor al vino.

- **Maceración y fermentación:** El jugo que se extrae se mantendrá a una temperatura controlada durante unos días, permitiendo así la fermentación y así adquiriendo el color requerido. En estos depósitos y a través de sus propias levaduras, comienza el proceso de fermentación alcohólica ya que el azúcar de las uvas termina transformándose en alcohol etílico. Este proceso dura, dependiendo el tipo de vino y debe transcurrir a temperaturas no superiores a 29°C.

- **Prensado:** como el producto sólido de la fermentación aún contiene grandes cantidades de vino tras el *descube* (acción que consiste en separar el vino de las partes sólidas de la uva), es sometido a un prensado para extraer el líquido.

- **Fermentación maloláctica:** el vino que se obtiene durante los pasos anteriores se vuelve a someter a un nuevo proceso de fermentación. A través de este proceso se rebaja el carácter ácido del vino y lo hace mucho más agradable al consumo.

- **Crianza:** el proceso de maduración, envejecimiento o crianza es uno de los puntos de mayor importancia para la elaboración un vino. En este proceso, el vino es introducido en barriles para que adquiera características aromáticas que durante la cata se pueden distinguir. En los barriles, el vino va evolucionando y desarrollando. Mientras el vino madura en los barriles se realizan dos trabajos adicionales para eliminar impurezas y sedimentos como son el *trasiego* y la clarificación.

- **Embotellado:** el vino evoluciona y asimila el oxígeno que se introduce en la botella.

La Fermentación alcohólica es el proceso por el cual una levadura, en este caso *Saccharomyces cerevisiae* produce etanol a partir de una fuente de carbono, siendo la glucosa, fructosa y sacarosa las de mayor uso, en condiciones de baja oxigenación, temperatura promedio de 20 °C y sin luz (Jiménez, H. 2013).

Las bebidas alcohólicas pueden producirse a partir de diferentes sustratos como los jugos de diferentes frutas enriquecidas con sacarosa mediante un proceso de fermentación a pequeña escala. Durante el proceso debe estandarizarse el tiempo, ya que a periodos largos el etanol se convierte en ácido acético produciendo acidez y dañando la textura y sabor del licor (Jiménez, H. 2013).

Por lo general la levadura *Saccharomyces cerevisiae* es osmofilica, es decir resiste altas concentraciones de azúcar y tolerante a altas concentraciones de etanol, alrededor del 20 %.

Precisamente, alguna limitaciones del Bioproceso es la alta concentración de etanol, hoy en día mediante el mejoramiento de cepas se están obteniendo levaduras que resisten concentraciones de etanol mayores al 20 %. Otra limitación es el pH, valores menores a 3.5 disminuyen la producción de etanol, por esto es importante no utilizar frutas acidas en estos procesos. La alta concentración de azucares disminuye la eficiencia de la fermentación, la aireación hace que aumente la respiración celular la levadura y desvié el proceso de producción de etanol al crecimiento vegetativo no fermentativo.

Los biocombustibles líquidos tales como el bioetanol, que es un derivado principal de la fermentación de la caña de azúcar, generalmente estos biocombustibles son considerados una solución sostenible para los problemas energéticos y ambientales (Jie et al, 2012).

En Bioprocesos para la producción de bioetanol, el escalado comienza con fermentaciones por lote (Batch) y luego se realizan fermentación por lote alimentado (Fed Batch), para luego llevarlo a Planta piloto y una vez estandarizado llevarlo a fermentaciones comerciales (500.000 litros).

Objetivos

- Realizar una Fermentación alcohólica a partir de diferentes sustratos (jugos de frutas) utilizando la levadura *Saccharomyces cerevisiae*.

- Obtener la habilidad de analizar una Fermentación Alcohólica.

- Desarrollar destrezas en el manejo de instrumentos de laboratorio.

- Potencializar habilidades cognitivas y científicas.

Materiales, reactivos y equipos

- Levadura activa de levapan (*Saccharomyces cerevisiae*).
- Frascos Oscuros.
- Sacarosa.
- Cinta de pH.
- Jugo de Piña.
- Balanza.
- Alcoholímetro.
- corcho o tapón de gasa y algodón

Metodología

1. En frascos oscuros adicionar un litro de jugo de fruta de piña o uva roja, luego agregar 5 g de levadura activa de levapan y dos cucharadas de azúcar (sacarosa), agitar bien, tapar con corcho (o tapón de gasa y algodón) y dejar a temperatura promedio de 20 °C por 7 días.

2. Después de los 7 días colocar los 1000 mL del cultivo en una Probeta de 1000 mL y con un alcoholímetro medir el porcentaje de etanol. Si la producción de etanol es baja dejar otros 7 días y medir nuevamente el porcentaje de etanol.

3. Cada vez que se realice el paso 2, realizar la respectiva degustación, bouquet y textura del licor.

Cuestionario

1. Explique la ruta metabólica de producción de etanol mediante la glicolisis.

2. Explique la importancia del etanol.

3. ¿Cómo haría un Bioproceso de escalado para producción de etanol?

4. Consulte empresas dedicadas a la producción de vino y de bioetanol en Colombia.

Bibliografía.

- Jie Sun, Fei Wen, Tong Si, Jian-He Xu and Huimin Zhao, 2012.
Direct Conversion of xylan to Ethanol by Minihemicellulosome Strains Displaying an
Engineered Recombinant Saccharomyces cerevisiae.
Applied and Enviromental Microbiology. 78 (11): 3837 – 3845.

- Jiménez, H.M. 2013. Guías de Laboratorio de Biotecnología Industrial. Diplomado de
Biotecnología (I). Universidad Pedagógica Nacional. Facultad de Ciencia y Tecnología.
Departamento de Biología. Colombia.

Cibergrafía

- Historia del Vino: https://www.vinoseleccion.com/saber-de-vinos/historia-del-vino Fecha de
Revisión: 15/03/2019.

- Wyss, G & Bon van Elzakker, 2005. Producción de uva y fabricación de vino. Info "Organic
HACCP" Disponible en: http://orgprints.org/4928/1/14_VINO.pdf Fecha de Revisión:
15/03/2019.

Extracción de ADN nuclear a partir de *Saccharomyces cerevisiae*

Por: Silvia R. Gómez D.

Introducción

La levadura *Saccharomyces cerevisiae* es unicelular, con forma ovalada, no presenta flagelos, pertenece al Reino Fungi y es uno de los principales organismos modelo para entender los procesos celulares y moleculares en los eucariotas. En la actualidad, su impacto va más allá de la producción de alimentos y bebidas (pan, cerveza y vino); pues se ha venido usando como suplemento alimenticio para generar un incremento en el peso y talla de aves, vacunos y porcinos y en la producción de biocombustible (Vásquez *et al* 2016).

El ADN (ácido desoxirribonucleico) es el material hereditario que se encuentra presente en todos los seres vivos, conteniendo las instrucciones esenciales para el desarrollo y funcionamiento de todas las formas de vida, además almacena y mantiene la información genética física y funcional que pasa de generación a generación, permitiendo el mantenimiento de la especie (Curtis, H., Barnes, N. S. *et al.* 2007).

Químicamente es una molécula de doble cadena conformada por la unión de nucleótidos (una base nitrogenada, una pentosa, y un grupo fosfato a través de enlaces fosfodiéster (entre un grupo hidroxilo (OH$^-$) en el carbono 3' de un nucleótido y un grupo fosfato (PO$_4$$^=$) en el carbono 5' del nucleótido entrante) siendo responsables de la hebra de ADN y RNA. Las hebras de ADN se unen para formar la cadena a través de puentes de hidrógeno que unen las bases nitrogenadas; Tiamina, Guanina, Adenina y Citosina, Ver Figura 1. Este modelo fue propuesto por Watson, Crick y Wilkins, en 1953 y es conocido como "el modelo de la doble hélice"; fue publicado en la revista Nature y describe lo que hoy se conoce como ADN-B. Estos investigadores se basaron para su propuesta en las investigaciones de difracción de rayos X reportadas por R. Franklin (Claros, 2003).

El genoma haploide de *S. cerevisiae* es pequeño, compacto con aproximadamente 13 392 kb (excluyendo mitocondria, plásmidos y Virus RNA) Mb y organizado en 16 cromosomas en tamaños que van desde 220 kb para el cromosoma 1 hasta 2352 kb para el XII (Madigan, M., et al 2010). A primera vista lo que más llama la atención del genoma es que el 72% de éste son genes lo cual deja muy poco espacio para ADN no codificante y otros elementos funcionales (Dujon, B. 1996).

La extracción de ADN es una de las técnicas más antiguas que se ha realizado en el campo de la biología molecular y data de 1869 cuando Miescher lo aisló por primera vez a partir del pus de vendajes utilizados en pacientes hospitalizados. Tras un tratamiento simple, comprobó que estaban formados por una única sustancia química muy homogénea y no proteica, que denominó nucleína (sustancias ricas en fosforo localizadas exclusivamente en el núcleo celular) (Claros,2003).

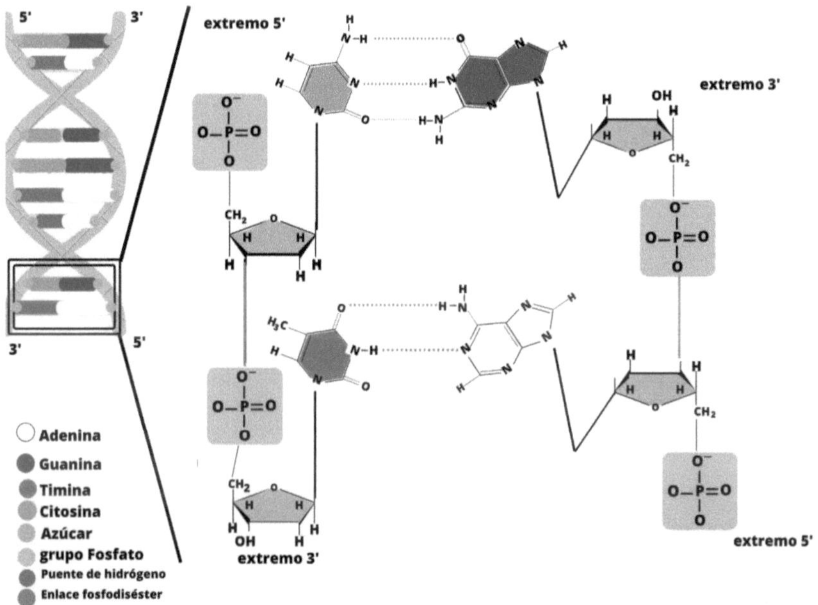

Figura 1. Estructura del ADN

Para aislar el ADN de los otros componentes celulares como las proteínas, carbohidratos, lípidos y RNA, por lo general se utilizan los mismos pasos en todos los organismos con algunas variaciones en los métodos físicos (macerado, temperatura, centrifugación) y químicos (sal, detergente, enzimas, etanol, EDTA, Tris etc.) que dependen del grado de pureza que se requiere para procedimientos posteriores, cantidad de ADN requerido, cantidad de muestra con que se cuenta y tipo de muestra.

Los pasos son los siguientes:

1) Homogenización y/o concentración de la muestra: con el primer procedimiento se rompen tejidos, los cuales se encuentra dentro de un mortero y de manera mecánica utilizando pistilo y

elementos como la arena o nitrógeno líquido se disgregan las células; y con el segundo a través de centrifugación las células que están resuspendidas en medio líquido se concentran.

2) Lisis celular: consiste en la ruptura de la membrana nuclear, celular y/o la pared celular sin la degradación de los ácidos nucleicos contenidos al interior de la célula. Se utiliza una solución de lisis la cual está constituida por: EDTA (evita la degradación del ADN porque atrapa los iones de magnesio presentes), TRIS pH 8.0, (mantiene el pH de la solución), sal (fragmenta la célula) y detergente como el CTAB, SDS, Tritón X-100 o Sarkosly (rompe la barrera lipídica solubilizando las proteínas e interrumpiendo la interacción lípido-lípido, lípido- proteína y proteína-proteína, debido a su particular estructura).

3) Eliminación de contaminantes: Es la separación de los ácidos nucleicos de otros componentes celulares (proteínas, lípidos y carbohidratos). Se puede utilizar altas concentraciones de sales, enzimas (ablandador de carnes o proteínas k) o disolventes orgánicos (fenol o cloroformo: alcohol isoamílico 24:1) dependiendo de la calidad de ADN que se desea obtener.

4) Precipitación de ADN: para ello se utiliza el isopropanol o etanol al 96% frio los cuales permiten la precipitación del DNA cuando está en presencia de sales. Ella ocurre debido a la interacción entre las cargas positivas de sodio que se ha disociado de la solución de NaCl y las cargas negativas del DNA dadas por los grupos fosfatos. Posteriormente los residuos de sales son removidos con alcohol al 70% frío.

Objetivos

- Realizar la extracción de ADN nuclear de la levadura *Saccharomyces cerevisiae* utilizando diferentes protocolos.

- Potencializar habilidades cognitivas, sociales y verbales.
-
- Desarrollar destrezas en el manejo de instrumentos de laboratorio.

- Comprender el proceso de obtención de ADN teniendo en cuenta los diferentes métodos físicos y químicos que se emplean.

Materiales, reactivos y equipos para el primer protocolo:

- Levadura de levapan: *Saccharomyces cerevisiae*
- Microcentrífuga
- Incubadora

- Gradilla para tubo eppendorf.
- Tubos Eppendorf de 1.5 mL
- Toallas de papel.
- Micropipetas de 1000 µL
- Puntas azules para la Micropipetas
- Agua estéril
- Etanol al 70% frío
- Isopropanol al 100% frío
- Marcador punta fina para tubos
- Guantes de nitrilos
- Gafas de protección
- Bata de laboratorio
- Fósforos
- Hielo
- Acetato de potasio (KAc) 5M (pH 4,8)
- Medio de cultivo liquido de YPED (extracto de levadura 1%, peptona 2%, glucosa 2%).
- Baño maría
-Microscopio
- Laminas portaobjeto y cubreobjeto
- Solución de lisis de pared celular (solución de sorbitol 1M, EDTA 0,1M, (pH 5), con
50 Unidades (U) de la enzima Beta-glucoronidasa (Sigma-Aldrich)
- Solución con Tris-HCl 50 mM, EDTA 20 mM (pH 7,4)
- SDS al 10%
- Plancha de agitación
- TE (Tris-EDTA pH 7,4)

Materiales y reactivos para el segundo protocolo (casero):

- 1 vaso de precipitado de 500 ml
- 2 tubo falcón de 50 ml con tapa
- 1 mortero con su pistilo
- 1 plancha de calentamiento o estufa
- Una pinza para tubo
- 5 gr de levadura seca.
- Solución de lisis (10 ml de H_2O y 1 gr de detergente en barra)
- 0.8 gr de sal común
- 0,5 gr de ablandador de carne
- 30 ml de etanol o alcohol al 96%
- Agua para el vaso de precipitado.

Metodología

Primer protocolo: Tomado de Osorio-Cadavid, Esteban; Ramírez, Mauricio; López William Andrés y Mambuscay Luz Adriana (2009)

1. Dejar crecer los cultivos de las levaduras durante 16 horas en agitación (120 rpm) o hasta obtener más de 100 millones de células/ml a 28°C, en 5 ml de YPED (extracto de levadura 1%, peptona 2%, glucosa 2%).

2. Colectar las células por centrifugación en un tubo Eppendorf a 8000 rpm durante 5 min.

3. Descartar el sobrenadante y resuspender en 0,5 ml de una solución de sorbitol 1M, EDTA 0,1M, (pH 5), que contenga 50 Unidades (U) de la enzima Beta-glucoronidasa (Sigma- Aldrich).

4. Luego incubar en baño maría a 37 °C durante 60 min y agitar periódicamente (en ocasiones supervisar la pérdida de la pared celular colocando las células en agua destilada y verificando al microscopio óptico la reducción de la densidad celular).

5. Centrifugar los esferoplastos a 8000 rpm por 10 min y el precipitado se resuspenderlo en 0,5 ml de Tris-HCl 50 mM, EDTA 20 mM (pH 7,4).

6. Posteriormente añadir 50µl de SDS al 10% e incubar en baño María a 65 °C por 30 min.

7. Transcurrido el tiempo añadir   0,2 ml de acetato de potasio (KAc) 5M (pH 4,8), y resuspenderlo mínimo 30 seg. Luego dejarlo en hielo por 30 min.

8. Posteriormente centrifugar a 14000 rpm por 5 min y trasladar el sobrenadante a otro tubo.

9. Centrifugar de nuevo por 5 min para eliminar otras impurezas y trasladar el sobrenadante a otro tubo.

10. Adicionar 1 mL de isopropanol al 100% frío e incubar a temperatura ambiente por 5 min agitando suavemente el tubo.

11. Centrifugar a 14000 rpm por 10 min y descartar el sobrenadante.

12. Añadir 0,5 mL de etanol al 70% frío y centrifugar a 14000 rpm por 5 min.

13. Descartar el sobrenadante y dejar secar el precipitado a temperatura ambiente.

14. Finalmente, resuspender el ADN en 50 µl de TE (Tris-EDTA pH 7,4) o agua destilada. Las muestras se conservan a -20 °C hasta su uso posterior.

Segundo protocolo: procedimiento casero

1. Tome un vaso de precipitado con 300 ml de agua y colóquelos en la estufa o plancha de calentamiento y deje hervir.

2. Mientras, macere homogenizando bien en un mortero 5 gr de levadura con la solución de lisis (10 mL agua destilada y 1 gr de detergente).

3. Agregue el contenido en un tubo falcón de 50 mL y colóquelo en el vaso de precipitado que contiene el agua hirviendo (baño maría) durante 30 minutos. Mezclar cada 2 min por inversión el contenido del tubo y utilice la pinza para sostenerlo.

4. Transcurrido el tiempo saque el tubo y deje enfriar.

5. Después agregue 0.5 gr de ablandador de carne y mezcle suavemente por inmersión.

6. Posteriormente adicione 0,8 gr de sal y mezcle suavemente por inmersión.

7. Transfiera suavemente todo el contenido a un nuevo tubo falcón de 50 ml.

8. Por último, adicione lentamente tres volúmenes (tres veces el volumen de muestra que se encuentra en el tubo) de etanol o alcohol al 96% frio por las paredes del tubo y espere que se evidencie el ADN.

Cuestionario

1. ¿Explique por qué el detergente produce lisis de las células?

2. ¿Qué efecto tiene la enzima Beta-glucoronidasa en el procedimiento de extracción del ADN?

3. ¿Cuál es la finalidad de la sal en la extracción de ADN?

4. ¿Cómo actúa el ablandador de carne en la célula?

5. ¿Cuál es la utilidad del alcohol al 100% y al 70 % frío?

Bibliografía

- Madigan, M., Martinko, J., Parker, Brock J. (2010) Brock, Biología de los microorganismos. 10 edición. Prentice Hall.

- Claros, Gonzalo. (2003). Aproximación histórica a la biología molecular a través de sus protagonistas, los conceptos y la terminología fundamental. *Panace@*, 4(12), 168-179. Recuperado de http://www.medtrad.org/pana.htm.

- Curtis, H. y Barnes, N. Sue. 2000. Biología. Ed. Médica Panamericana. 6ª Edición. Madrid España.

- Dujon, B. (1996). The yeast genome project: what did we learn? *Trends Genet.* 12: 263-270.

- Osorio, E.; Ramírez, M; López W. y Mambuscay, L (2009) Estandarización de un protocolo sencillo para la extracción de ADN genómico de levaduras Revista Colombiana de Biotecnología, vol. XI, núm. 1, julio, 2009, pp. 125-131 Universidad Nacional de Colombia Bogotá, Colombia

- Vásquez J. A., Ramírez C. M. y Monsalve Z. I. 2016. Actualización en caracterización molecular de levaduras 129 Rev. Colomb. Biotecnol. Vol. XVIII No. 2 129-139

Screening de celulasas *in vitro* a partir de *Penicillium aurantiogriseum*.

Por: Hugo Mauricio Jiménez M.

Introducción

Los hongos tienen un gran potencial para la producción de diversos compuestos químicos de importancia para la humanidad, ya sea desde una perspectiva médica, agronómica, industrial ó ambiental, el uso de organismos fúngicos y/o sus productos, se asocian con procesos tecnológicos de aplicación a la Industria ó al Manejo Ambiental (Jiménez, H., 2020).

Un ejemplo del anterior es la producción de enzimas, las cuales son catalizadores biológicos de una alta eficiencia y especificidad al sustrato, logran una velocidad de reacción de 10^3 y 10^7 veces más rápida que las reacciones no catalizadas, como es el caso de las celulasas; que son glicosil hidrolasas, y utilizan dos mecanismos de hidrólisis del enlace glucosídico de la celulosa que se encuentra principalmente en la madera, restos vegetales como la hojarasca y ramas de árboles.

Las maderas están compuestas principalmente de tres polímeros estructurales, la lignina, la celulosa y la hemicelulosa. La lignina es resistente a la degradación física y química, como también las fibras de celulosa que están embebidas en una matriz de hemicelulosa y lignina, por lo tanto su degradación es difícil, los hongos del *Phylum Basidiomycota, Ascomycota, Glomeromycota y Neocallimastigomycota* producen un alto número y variedad de enzimas extracelulares para la degradación de madera y restos vegetales con alto contenido de lignocelulosa.

La celulosa es el componente más abundante que existe sobre la Tierra, es producida por las plantas formando parte de su pared celular, la celulosa es uno de los materiales más utilizados desde tiempos remotos, y en la actualidad es la fuente de combustibles orgánicos, compuestos químicos, fibras y materiales necesarios para cubrir necesidades humanas tales como el papel, la pulpa, las maderas, etc. Se estima que alrededor de 180 billones de toneladas de celulosa son producidas por las plantas anualmente, por lo que constituye una de las fuentes de carbono renovables más importantes que hay sobre la Tierra (Martínez, C., et al, 2008).

La celulosa es un polímero lineal compuesto por residuos de glucosa unidos mediante enlaces ß (1-4), a través de estos se ligan a moléculas de celobiosa, disacárido compuesto por dos residuos de glucosa.

Debido al carácter recalcitrante de la celulosa ciertos organismos como bacterias y hongos producen las enzimas necesarias para utilizarlo (Béguin & Aubert, 1994). Se han identificado dos importantes grupos con capacidades celulolíticas. El primero de ellos es el grupo anaeróbico, que comprende especies bacterianas y fúngicas habitantes de aguas residuales y el rumen y tracto intestinal de los animales herbívoros y algunos insectos como escarabajos y termitas (Cazemier et al., 2003; Warnecke et al., 2007). Como ejemplos bacterianos pertenecientes a este grupo, entre otros, se encuentran los géneros *Clostridium* y *Ruminococcus*. Mientras que algunos hongos identificados son: *Anaeromyces mucronatus, Caecomyces communis, Cyllamyces aberencis, Neocallimastix frontalis, Orpinomyces sp. y Piromyces* sp. (Doi, 2007; Teunissen & Op den Camp, 1993). El segundo grupo incluye especies aeróbicas habitantes de los suelos, especialmente los boscosos, tales como las bacterias *Cellulomonas* (Elberson et al., 2000) y *Streptomyces* (Alani et al., 2008), y los hongos basidiomicetos de la pudrición de la madera (Baldrian & Valaskova, 2008; Martínez et al., 2005). La pudrición blanca de la madera la llevan a cabo en el 96% de los casos hongos de la familia *Polyporaceae*, tales como *Panus, Polyporus, Pycnoporus y Trametes* (Martínez et al., 2005), referencias citadas por Martínez, C., et al, 2008.

El concepto de la utilización de celulosa como materia prima de azúcares que puedan ser bioconvertidos a combustibles mediante el empleo de microorganismos, ha retomado gran importancia en los últimos años debido a los altos precios del petróleo (Sun & Cheng, 2002, Citado por Martínez, C., et al, 2008).

El reto principal de la industria y la biotecnología en la producción de biocombustibles como el bioetanol es la bioconversión de la celulosa, por lo que las celulasas han adquirido una gran importancia en estos procesos (Martínez, C., et al, 2008).

La acción enzimática para la hidrólisis de la celulosa implica la operación secuencial y sinergia de un grupo de celulasas, que presentan diferentes sitios de enlace, debido a la naturaleza compleja de la molécula de celulosa. El sistema de celulasa típico incluye tres tipos de enzimas: la endo-β-1,4-glucanasa (Cx) (1,4-β-D-glucan glucanohidrolasa E.C.3.2.1.4), la exo-β-1,4-glucanasa (C1) (1,4-β-D-glucan celobiohidrolasa E.C.3.2.1.91) y la β-1,4-glucosidasa (celobiasa) (Cb) (β-D-glucósido glucohidrolasa E.C.3.2.1.21) (Hahn-Hägerdal & Palmqvist 2000, Citado por Chacón, O. & k, Waliszewski, 2005).

Los residuos agrícolas son ricos en celulosa, hemicelulosa y lignina; pueden usarse como sustratos para el cultivo de hongos filamentosos capaces de producir enzimas extracelulares con actividades celulasas, con importantes aplicaciones industriales, como la hidrólisis de biomasa lignocelulósica para la producción de etanol (Rodríguez, I. y Piñeros, Y. 2007)

El bioalcohol es un combustible de origen vegetal que tiene las características parecidas a los de los combustibles fósiles, lo que permite su utilización en motores apenas modificados. Además, los biocombustibles no contienen azufre, uno de los causantes de la lluvia ácida. El bioetanol puede fabricarse a partir de cualquier materia prima orgánica que contenga cantidades significativas de azúcares (Ballesteros, M. 2006, citado por Paredes Medina et al, 2010).

Las celulasas son utilizadas para degradar compuestos celulíticos como bagazo de caña y obtener azucares fermentables como glucosa y así obtener bioetanol, estas tecnologías ya se están aplicando en Colombia.

Objetivos

- Realizar bioensayos *in vitro* de detección de producción de celulasas por el microhongo *Penicillium aurantiogriseum.*

- Adquirir habilidades en el montaje de bioensayos *in vitro*.

- Desarrollar destrezas en el manejo de instrumentos de laboratorio.

- Potencializar habilidades cognitivas científicas.

Materiales, reactivos y equipos

- Microhongo *Penicillium aurantiogriseum*.
- Erlenmeyer
- Agua Destilada.
- Medio de Cultivo Papa Dextrosa Agar (PDA).
- Medio de Cultivo para amilolíticos.
-Papel aluminio.
- Papel.
- Cinta de enmascarar.
- Autoclave.
- Cámara de Flujo Laminar.
- Cajas de Petri.
- Asa para microhongos.
- Lugol
- Incubadora.

Metodología

Preparación del Medio de Cultivo Papa Dextrosa Agar (PDA)

El volumen del Medio de Cultivo PDA para cada caja de petri es de 25 mL, así que es necesario realizar los cálculos respectivos a partir del Frasco Oxoid de Papa Dextrosa Agar, pesar la cantidad, adicionarla a un Erlenmeyer con el volumen de agua destilada requerido, tapar con papel aluminio y reforzar con papel y cinta de enmascarar, esterilizar en el autoclave junto con las cajas de petri, una vez pasada la esterilización servir el medio de cultivo en las cajas de petri en la cámara de flujo laminar.

Preparación del Medio de Cultivo para Celulolíticos (MCC)

El volumen del Medio de Cultivo para celulolíticos (MCC) para cada caja de petri es de 25 mL, así que es necesario realizar los cálculos respectivos a partir de la composición g/L de MCA: Celulosa microcristalina (Merck) 5 g, NH_4NO_3 1 g, Solución Salina (NaCl 5%) 10 mL, Agar – Agar 20 g, y Agua Destilada 1000 mL, pesar la cantidad, adicionarla a un Erlenmeyer con el volumen de agua destilada requerido, tapar con papel aluminio y reforzar con papel y cinta de enmascarar, esterilizar en el autoclave junto con las cajas de petri, una vez pasada la esterilización servir el medio de cultivo en las cajas de petri en la cámara de flujo laminar.

Activación de *Penicillium aurantiogriseum*

A partir de una cepa de *Penicillium aurantiogriseum*, sembrar un fragmento del microhongo en el centro de una Caja de Petri con el medio de cultivo PDA y dejar a temperatura ambiente por 7 días.

Bioensayos de Screening de celulasas.

A partir la Caja de Petri de PDA con *Penicillium aurantiogriseum* sembrar un fragmento de este en el centro de una Caja de Petri con el Medio de Cultivo para celulolíticos (MCC) y dejar a temperatura ambiente por 7 días, luego adicionar Rojo Congo sobre el cultivo, después de 15 minutos observar y medir con regla el halo amarillo alrededor de la siembra.

Cuestionario.

1. ¿Por qué se observa un halo amarillo alrededor de la siembra del microhongo al adicionar Rojo Congo?

2. ¿Por qué se observa una coloración rojiza al adicionar Rojo Congo en el Medio de Cultivo para celulolíticos (MCC)?

3. Consulte otras pruebas para detección de enzimas.

4. Consulte otros microorganismos utilizados para la producción de celulasas.

5. ¿Cómo haría un Bioproceso de escalado para la producción de celulasas por *Penicillium aurantiogriseum*?

Bibliografía.

- Chacón, O. & k, Waliszewski, 2005. Preparativos de celulasas comerciales y aplicaciones en procesos extractivos. Universidad y Ciencia. Trópico Húmedo. 21 (42) pp 111-120. Disponible en: http://era.ujat.mx/index.php/rera/article/viewFile/337/273 Fecha de Revisión: 26/03/2019.

Referencia citada en este artículo:

- Hahn-Hägerdal B, Palmqvist E (2000) Fermentation of lignocellulosic hydrolysates. II: Inhibitors and mechanismsof inhibition. Bioresource Technology. 74: 25-33.

- Couturier M, et al. 2011. *Podospora anserina* hemicellulases potentiate the *Trichoderma reesei* secretome for saccharification of lignocellulosic biomass. Appl. Environ. Microbiol. 77: 237 – 246.

- Jiménez, H.M., 2020. Syllabus Seminario Biología de Hongos. Universidad Pedagógica Nacional. Departamento de Biología. Colombia.

- J-G, Berrin, Navarro, D., Couturier, M. and L, Meessen, 2012. Exploring the Natural Fungal Biodiversity of Tropical and Temperate Forests toward Improvement of Biomass Conversion. Appl. Environ. Microbiol. 78 (18): 6483 – 6490.

- Martínez, C, Balcázar, E., Dantán, E y J L.Folch-Mallo. 2008. Celulasas fúngicas: Aspectos biológicos y aplicaciones en la industria energética. Revista Latinoamericana de Microbiología. Vol. 50. No. 3 y 4. Pp 119 -131. Disponible en http://www.medigraphic.com/pdfs/lamicro/mi-2008/mi08-3_4i.pdf Fecha de Revisión: 26/03/2019.

Referencias citadas en este artículo:

- Alani, F., Anderson, W. & Moo-Young, M. 2008. New isolateof Streptomyces sp. with novel thermoalkalotolerant cellulases.Biotechnol Lett. 30, 123-126.
- Béguin, P. & Aubert, J.-P. 1994. The biological degradation ofcellulose. FEMS Microbiol Rev. 13, 25-58

- Baldrian, P. & Valaskova, V. 2008. Degradation of celluloseby basidiomycetous fungi. FEMS Microbiol Rev. Epub aheadof print, doi:10.1111/j.1574-6976.2008.00106.x.
- Cazemier, A. E., Verdoes, J. C., Reubsaet, F. A., Hackstein, J.H., van der Drift, C. & Op den Camp, H. J. 2003. Promi-cromonospora pachnodae sp. nov., a member of the(hemi)cellulolytic hindgut flora of larvae of the scarab beetlePachnoda marginata. Antonie Van Leeuwenhoek. 83, 135-48.
- Doi, R. H. 2007. Cellulases of mesophilic microorganisms: cel-lulosome & non-cellulosome producers. Doi 0:14190021
- Martínez, A. T., Speranza, M., Ruiz-Dueñas, F. J., Ferreira, P.,Camarero, S., Guillén, F., Martínez, M. J., Gutiérrez, A. & delRío, J. C. 2005. Biodegradation of lignocellulosics: microbial,chemical, and enzymatic aspects of the fungal attack of lignin.Int Microbiol. 8, 195-204.
- Sun, Y. & Cheng, J. 2002. Hydrolysis of lignocellulosicmaterials for ethanol production: a review. Bioresour Tech-nol. 83, 1-11
- Teunissen, M. J. & Op den Camp, H. J. 1993. Anaerobic fun-gi and their cellulolytic and xylanolytic enzymes. AntonieVan Leeuwenhoek. 63, 63-76.
- Warnecke, F., Luginbuhl, P., Ivanova, N., Ghassemian, M.,Richardson, T. H., Stege, J. T., Cayouette, M., McHardy, A.C., Djordjevic, G., Aboushadi, N. et al. 2007. Metagenomicand functional analysis of hindgut microbiota of a wood-feeding higher termite. Nature. 450, 560-5.

- Paredes Medina, Álvarez Núñez, y M. Silva Ordoñes. 2010. Obtención de Enzimas Celulasas por Fermentación Sólida de Hongos para ser Utilizadas en el Proceso de Obtención de Bioalcohol de Residuos del Cultivo de Banano. Revista Tecnológica ESPOL – RTE, Vol. 23, N. 1, 81-88.

Referencia citada en este artículo:

- Ballesteros, M. 2006, "Carburantes sin petróleo: Bioetanol", Investigación y ciencia, ISSN 0210-136X, Nº 362, 2006. pags. 78-85.

- Rodríguez, I. y Piñeros, Y. 2007. "Producción de complejos enzimáticos celulolíticos mediante el cultivo en fase sólida de *Trichoderma sp.* sobre los racimos vacíos de palma de aceite como sustrato", Grupo de Aprovechamiento de Recursos Agroalimentarios, Programa Ingeniería de Alimentos, Universidad Jorge Tadeo Lozano, Bogotá, Colombia.

Pruebas de producción de amilasas *in vitro* con *Aspergillus fumigatus*

Por: Hugo Mauricio Jiménez M.

Introducción

El almidón es polímero semicristalino de glucosa de gran abundancia en la naturaleza, se obtiene mayoritariamente del maíz, el trigo, el arroz, y la papa. Si proviene de un tubérculo suele denominarse fécula (fécula de papa); si es de un cereal, almidón. Las propiedades del almidón varían en función del producto del cual se extrae y de la variedad (Castells, P. 2009).

El almidón es un hidrato de carbono complejo (polisacárido) digerible, del grupo de los glucanos. Consta de cadenas de glucosa con estructura lineal (amilosa) o ramificada (amilopectina). Constituye la reserva energética de los vegetales (Castells, P. 2009).

La amilosa es un polímero de glucosa que contiene de 1.000 a 4.000 unidades de éste monómero, tiene por tanto un peso molecular de 200.000-800.000 daltons, valor que varía no sólo según la especie de planta, sino también dentro de la misma especie y depende del estado de maduración (Hoseney, 1991, citado por Espitia, L., 2009).

Cada unidad de glucosa está unida a la próxima por un enlace glusídico α-1,4, este enlace determina que el grupo reductor de la glucosa está situado en la posicion 1. La naturaleza lineal de gran longitud confiere a la amilasa algunas propiedades únicas, como su capacidad de formar complejos con yodos, alcoholes o ácidos orgánicos. A temperatura ambiente, la cadena de moléculas de glucosa adopta una conformación en espiral cuyas hélices permiten albergar en su interior una molécula de yodo, cuando se trata amilosa con yodo, el yodo se ubica en las formando un complejo amilosa-yodo que tiene un color azul negruzco (Hoseney, 1991, citado por Espitia, L., 2009).

La amilopectina es un polisacárido cuyas cadenas principales son restos de glucosa unidos en enlaces α 1-4, como en la amilosa y presentan esporádicamente ramificaciones α 1-6 localizadas cada 15 – 25 unidades lineales de glucosa. Su peso molecular es muy alto (Bailey y Bailey, 1998, citado por Espitia, L., 2009).

El almidón se degrada mediante la acción de dos enzimas, la α - amilasa y ß – amilasa.

La enzima α – amilasa cataliza la hidrólisis al azar los enlaces α-1,4 glucosídicos de la región central de la cadena de amilosa y amilopectina, exceptuando moléculas cercanas a la ramificación, obteniendo maltosa y oligosacáridos de varios tamaños (Crueger y Crueger, 1993, citado por Espitia, L., 2009).

La enzima ᵦ – amilasa o α - 1,4 glucan – maltohidrolasas es una exoenzima que ataca los enlaces α - 1,4 glucosídicos en la parte externa de la cadena de almidón, la ᵦ – amilasa separa unidades de maltosa a partir de los extremos no reductores de esta hidrólisis alterna de enlaces glucosídicos (Pedroza, 1999, citado por Espitia, L., 2009).

Las amilasas son utilizadas en la fabricación de pan al degradar el almidón de las harinas en azucares fermentables para la activación de la levadura.

Algunas amilasas se emplean como detergentes para disolver almidones en determinados procesos industriales, como lo es la producción de pasta.

Las enzimas amilasas por su capacidad hidrolítica han tenido gran significancia en las últimas décadas en diversas industrias que han visto una mejor manera de optimizar sus procesos aplicando técnicas biotecnológicas basados en enzimas (Durango E., 2008).

Industrias como la panadería, repostería, alimentaria, textilera, cervecera, papel, azucarera entre muchas más han visto en estas proteínas una gran oportunidad de comercio. Las amilasas ocupan cerca de un 25% en el mercado enzimático llegando a sustituir completamente procesos de hidrólisis química en la industria del almidón, debido a la termoestabilidad de esta enzima, industrialmente ha hecho que las amilasas tengan gran aplicabilidad en diversos procesos (Durango E., 2008).

A partir del almidón y uso de amilasas se pueden obtener jarabes de diferente composición y propiedades físicas jarabes se utilizan en una variedad de alimentos tales como gaseosas, dulces, productos horneados, helados, salsas, alimentos para bebés, frutos enlatados y conservas (Durango E., 2008).

De todas las aplicaciones a escala industrial, la más eficiente es la producción de jarabe de maíz con fructosa elevada (HFCS), el propósito de este proceso es obtener un material de poder edulcorante semejante a la sacarosa a partir de una materia prima d bajo precio como lo es el almidón de maíz (Durango E., 2008).

Las fuentes productoras de α-amilasas incluyen plantas, animales y microorganismos, son las enzimas microbianas las que encuentran mayor demanda en aplicaciones industriales (Grupta. R., et al, 2003, Citado por Espinel, E y E. López, 2009).

Tradicionalmente la producción de α -amilasas se ha llevado a cabo mediante procesos de fermentación líquida sumergida (FLS) debido al mayor control de factores ambientales como temperatura y pH, sin embargo, la fermentación en fase sólida (FFS) constituye una alternativa interesante puesto que los metabolitos se concentran, y los procesos de purificación son menos costosos (Pandey, A. et al, 2000., Soni, S., 2003, Citado por Espinel, E y E. López, 2009).

Objetivos

- Realizar bioensayos *in vitro* de detección de producción de amilasas por el microhongo *Aspergillus fumigatus.*

- Adquirir habilidades en el montaje de bioensayos *in vitro.*

- Desarrollar destrezas en el manejo de instrumentos de laboratorio.

- Potencializar habilidades cognitivas y científicas.

Materiales, reactivos y equipos

- Microhongo *Aspergillus fumigatus.*
- Erlenmeyer
- Agua Destilada.
- Medio de Cultivo Papa Dextrosa Agar (PDA).
- Medio de Cultivo para amilolíticos.
-Papel aluminio.
- Papel.
- Cinta de enmascarar.
- Autoclave.
- Cámara de Flujo Laminar.
- Cajas de Petri.
- Asa para microhongos.
- Lugol
- Incubadora.

Metodología

Preparación del Medio de Cultivo Papa Dextrosa Agar (PDA)

El volumen del Medio de Cultivo PDA para cada caja de petri es de 25 mL, así que es necesario realizar los cálculos respectivos a partir del Frasco Oxoid de Papa Dextrosa Agar, pesar la cantidad, adicionarla a un Erlenmeyer con el volumen de agua destilada requerido, tapar con papel aluminio y reforzar con papel y cinta de enmascarar, esterilizar en el autoclave junto con las cajas de petri, una vez pasada la esterilización servir el medio de cultivo en las cajas de petri en la cámara de flujo laminar.

Preparación del Medio de Cultivo para amilolíticos (MCA)

El volumen del Medio de Cultivo para amilolíticos (MCA) para cada caja de petri es de 25 mL, así que es necesario realizar los cálculos respectivos a partir de la composición g/L de MCA: Almidón soluble 10 g, Na_2HPO_4 3 g, $MgSO_4$ $7H_2O$ 0.1 g, Agar – Agar 20 g, y Agua Destilada 1000 mL, pesar la cantidad, adicionarla a un Erlenmeyer con el volumen de agua destilada requerido, tapar con papel aluminio y reforzar con papel y cinta de enmascarar, esterilizar en el autoclave junto con las cajas de petri, una vez pasada la esterilización servir el medio de cultivo en las cajas de petri en la cámara de flujo laminar.

Activación de *Aspergillus fumigatus*

A partir de una cepa de *Aspergillus fumigatus*, sembrar un fragmento del microhongo en el centro de una Caja de Petri con el medio de cultivo PDA y dejar a temperatura ambiente por 7 días.

Bioensayos de Screening de amilasas

A partir la Caja de Petri de PDA con *Aspergillus fumigatus* sembrar un fragmento de este en el centro de una Caja de Petri con el Medio de Cultivo para amilolíticos (MCA) y dejar a temperatura ambiente por 7 días, luego adicionar Lugol sobre el cultivo, después de 10 minutos observar y medir con regla el halo amarillo alrededor de la siembra.

Cuestionario.

1. ¿Por qué se observa un halo amarillo alrededor de la siembra del microhongo al adicionar Lugol?

2. ¿Por qué se observa una coloración violeta al adicionar Lugol en el Medio de Cultivo para amilolíticos (MCA)?

3. Consulte pruebas para detección y cuantificación de amilasas.

4. Consulte otros microorganismos utilizados para la producción de amilasas.

5. ¿Cómo haría un Bioproceso de escalado para la producción de amilasas por *Aspergillus fumigatus*?

Bibliografía

- Castells, P. 2009. El Almidón. Investigación y Ciencia. No. 396.

- Espinel, E., y E. López, 2009. Purificación y caracterización de α-amilasa de *Penicillium commune* producida mediante fermentación en fase sólida. Revista Colombiana de Química, vol. 38, núm. 2, pp. 191-208 Universidad Nacional de Colombia. Bogotá.

Referencias citadas en este artículo:

- Gupta, R.; Gigras, H.; Mohapatra,H.; Goswami, V.; Chauhan, B. Microbial α-amylases: a biotechnological perspective. Process Bioche-mistry. 2003: 1599-1616.3.

- Pandey, A.; Soccol, C.R. New developments in solid state fermentation: Ibioprocesses and products. ProcessBiochemistry.2000:1153-1169

- Soni, S. K.; Arshdeep, K.; Gupta, J.K. A solid state fermentation based bacterial α-amylase and fungal glucoamylase system and its suitability for the hydrolysis of wheat starch. Process Biochemistry. 2003:185-192.

- Espitia, L. 2009. Determinación de la concentración de Alfa y Beta amilasas comerciales en la producción de etanol a partir d cebada empleando *Saccharomyces cerevisiae*. Trabajo de Grado. Dpto. Microbiología Industrial. Facultad de Ciencias. Pontificia Universidad Javeriana.

Referencias citadas en este artículo:

- Bailey, P.S. y C.A., Bailey. 1998. Química Orgánica: Conceptos y Aplicaciones. 5ta. Edición. Edit. Prentice Hall. Méx.

- Crueger W y A Crueger, 1993. Biotecnología: Manual de Microbiología Industrial. Edit. Acribia.

- Hoseney, R., 1991. Principios de Ciencia y Tecnología de los cereales. Edit. Acribia. Zaragoza, España.

- Pedroza, 1999. Producción de amilasa termoestable a partir de *Thermus* sp. Tesis Maestría. Dpto. Microbiología Industrial. Facultad de Ciencias. Pontificia Universidad Javeriana.

Bioensayos de Biodegradación de Petróleo Crudo con *Pseudomonas fluorescens.*

Por: Hugo Mauricio Jiménez M.

Introducción

Pseudomonas fluorescens fue descubierta por Migula en 1895, son bacterias aerobias quimiorganotróficas, su metabolismo se basa en reacciones de óxido - reducción para obtener energía. Es un bacilo gram (-) recto de 0.5 – 0.8 µm. Presenta flagelos polares lofotróficos. Su temperatura óptima es de 25 °C a 30 °C, aunque hay reportes de 5 °C y 42°C. Se encuentra en la rizósfera principalmente, también se puede encontrar en suelo como saprofito y en agua (Boresi, M. 2009).

Solubiliza fosfatos por dos vías: primero por producción de ácidos orgánicos como el ácido cítrico y el ácido oxálico que actúa sobre el pH del suelo lo que solubiliza el fosforo inorgánico y libera los fosfatos en el suelo, la otra vía es por la producción de fosfatasas actúa sobre las uniones esteres liberando los grupos fosfatos de la materia orgánica del suelo (Boresi, M. 2009).

Producen hormonas estimuladoras de crecimiento vegetal, como auxinas, giberelinas y citoquininas, también estimulan la germinación de las semillas.

Degrada contaminantes como estireno, TNT y los hidrocarburos aromáticos policíclicos (López, J. et al. 2006).

P. fluorescens utiliza variados sustratos del petróleo como Hidrocarburos Totales (TPH) y Bifenil policlorinato (PCB's), biodegrada aeróbicamente hidrocarburos aromáticos como naftaleno y fenantreno (López, J. et al. 2006).

El manejo inadecuado de residuos peligrosos ha generado a escala mundial un problema de contaminación de suelos, aire y agua. Entre las contaminaciones más graves esta la extracción y manejo de petróleo crudo en los países productores (López, J. et al. 2006).

En Colombia, el transporte de petróleo crudo y sus derivados se han visto afectados considerablemente en los últimos 30 años por la constante actividad terrorista contra los oleoductos e instalaciones petroleras que han generado innumerables voladuras y derrames de petróleo (López, J. et al. 2006).

La contaminación de ambientes con petróleo se considera de elevada persistencia y afecta el equilibrio de los ecosistemas. La fragilidad de éstos es tal que la naturaleza no tiene la facilidad de biodegradar el petróleo de una forma fácil y rápida. Un litro del crudo ocupa sobre el medio acuoso una superficie aproximada de medio campo de fútbol (Lozano, N. 2005).

La descomposición del petróleo por la vía microbiana es un mecanismo ágil y seguro para eliminar la contaminación. Por esto es importante estudiar las formas por las cuales los microorganismos asimilan los compuestos del petróleo y de qué manera se puede acelerar el proceso de descontaminación. Se han desarrollado tecnologías de biorremediación en las cuales actúan microorganismos o plantas que permiten la descomposición de compuestos tóxicos (Lozano, N. 2005).

La biorremediación es una alternativa "amigable" frente al deterioro progresivo de la calidad del medio ambiente por el constante derrame de petróleo crudo que contamina el suelo, aire y agua, ya que esta problemática afecta a la salud pública, así como también la extinción de flora y fauna de los Ecosistemas Colombianos (López, J. et al. 2006).

El petróleo crudo está compuesto por sustancias hidrocarbonadas y por pequeñas cantidades de azufre, nitrógeno y oxígeno, lo que dificulta su biodegradación. Los hidrocarburos del petróleo tienen de uno a 50 ó más átomos de carbono y tienen una gran variedad de formas moleculares como parafinas, naftalenos y aromáticos (Lozano, N. 2005).

La biodegradación del petróleo crudo por la vía microbiana es un mecanismo rápido y seguro para eliminar la contaminación, una bacteria utilizada para tal fin es *Pseudomonas fluorescens* que usa variados sustratos del petróleo como Hidrocarburos Totales (TPH) y Bifenil policlorinato (PCB's) como fuente de carbono y energía y biodegrada aeróbicamente hidrocarburos aromáticos como naftaleno y fenantreno , algunos de estos hidrocarburos como el metano, están constituidos por pocos átomos y son gaseosos a temperatura ambiente; otros, como el decano, son más pesados y menos volátiles. A temperaturas no muy elevadas algunos son gaseosos, como el propano, mientras que otros son sólidos, como la parafina y los asfaltos (Lozano, N. 2005).

Las prácticas de biorremediación consisten en el uso de microorganismos como bacterias y microhongos, y plantas para neutralizar sustancias toxicas, transformándolas en sustancias menos toxicas o no toxicas para el ambiente y para la salud humana.

Antes de realizar programas de biorremediación de suelos o cuerpos de agua contaminados con petróleo crudo es importante realizar primero bioensayos de biodegradación de petróleo crudo a pequeña escala para así poder estudiar la fisiología, condiciones de cultivo y crecimiento de los microorganismos a utilizar.

Objetivos

- Realizar un Bioensayo de Biodegradación de Petróleo Crudo a pequeña escala utilizando la bacteria *Pseudomonas fluorescens*

- Observar la Biodegradación de Petróleo Crudo a partir de la bacteria *Pseudomonas fluorescens.*

- Desarrollar destrezas y habilidades en el manejo de equipos e instrumentos de laboratorio.

- Potencializar habilidades científicas.

Materiales, Equipos y reactivos

- Guantes de nitrilos
- Bata de laboratorio
- Medio de Cultivo Selectivo Pseudomonas Agar Base (Cajas de Petri y Tubos de Ensayos inclinados).
- Cultivo puro de *Pseudomonas fluorescens.*
- Mechero de Alcohol.
- Asa redonda bacteriológica
- Agua destilada estéril.
- Frascos de 500 mL.
- Medio Mínimo de Sales (MMS).
- Petróleo crudo.

Metodología

Preparación del Medio de Cultivo para activación de *Pseudomonas fluorescens.*

El volumen del Medio de Cultivo para cada caja de petri es de 25 mL, así que es necesario realizar los cálculos respectivos a partir del Frasco Oxoid de Pseudomonas Agar Base, pesar la cantidad, adicionarla a un Erlenmeyer con el volumen de agua destilada requerido, tapar con papel aluminio y reforzar con papel y cinta de enmascarar, esterilizar en el autoclave junto con las cajas de petri, una vez pasada la esterilización servir el medio de cultivo en las cajas de petri en la cámara de flujo laminar.

Activación de *Pseudomonas fluorescens*.

A partir de una Cepa de *Pseudomonas fluorescens* sembrarla por aislamiento – técnica agotamiento en Cajas de Petri con el Medio de Cultivo Selectivo Pseudomonas Agar Base (MCSPF) y dejarlas en incubación a 30 °C por 48 horas.

Preparación de Inóculo de *Pseudomonas fluorescens*.

De las Cajas de Petri con la siembra por agotamiento de *Pseudomonas fluorescens* en el Medio de Cultivo (MCSPF) sembrarla nuevamente (colocar 5 asadas) en un Erlenmeyer de 100 mL con 30 mL de Caldo Nutritivo y dejarlo en incubación a 30 °C por 48 horas (este es el inóculo de *Pseudomonas fluorescens*).

Bioensayos de Biodegradación de Petróleo Crudo.

En 4 frascos de 500 mL colocar en cada uno 285 mL del Medio Mínimo de Sales (MMS) estéril de composición g/L: KH_2PO_4 5 g, NH_4Cl 10 g, Na_2SO_4 20 g, KNO_3 20 g, $CaCl_2$ $6H_2O$ 0.01 g, $MgSO_4$ 1g, $FeSO_4$ 0.004g, Agua Destilada: 1000 mL.

A los 3 frascos adicionar en cada uno 5 mL de inóculo de *Pseudomonas fluorescens*. Al frasco sobrante dejarlo sin inóculo de la bacteria, este sería el control negativo. A cada frasco adicionar 15 mL de petróleo crudo. Cada frasco taparlo con gasa estéril.

Dejar a temperatura ambiente y observar aclaramiento de la capa de crudo cada 8 días, siempre comparar con el control negativo.

Cuestionario

1. Consulte el nombre científico de otras 5 bacterias utilizadas en Biodegradación de Petróleo Crudo.

2. Nombre y describa 3 accidentes de barcos marinos petroleros en los cuales se presentaron derrames petróleo crudo.

3. En Colombia explique las 2 razones por las cuales se presentan derrames de petróleo crudo en suelo y agua.

4. Explique la diferencia entre biodegradación y bioremediación de petróleo crudo.

Bibliografía

- Boresi, M. 2009. *Pseudomonas fluorescens.* Microbiología – Missouri. http://web.mst.edu/microbio/BIO221-2009/P_fluorescens html

- MPLM, 2016. Manual de Practicas de Laboratorio de Microbiología Industrial: Bioensayos de Biodegradación de Petróleo Crudo con Bacterias. Universidad de los Andes. Dpto. Microbiología. Colombia.

- Lozano, N. 2005. Biorremediación de ambientes contaminados con petróleo. Tecnogestion, una mirada al ambiente. Vol. II, No. 1. Pág. 51-55.

- López, J. et al. 2006. Biorremediación de suelos contaminados con hidrocarburos derivados del petróleo. NOVA. Vol. 4. No. 5. Pág. 82 – 90.

Extracción de ADN plasmídico a partir de *Pseudomonas fluorescens*

Por: Silvia R. Gómez D.

Introducción

Los plásmidos son moléculas pequeñas de ADN circular o lineal capaces de replicarse de manera independiente del cromosoma central de la célula hospedadora, son estables, están en el citoplasma, se presentan en gran número de copias (poliplasmia) y por un proceso llamado conjugación se transmiten entre células, Ver Figura 2 (Madigan, M., *et al* 2010).

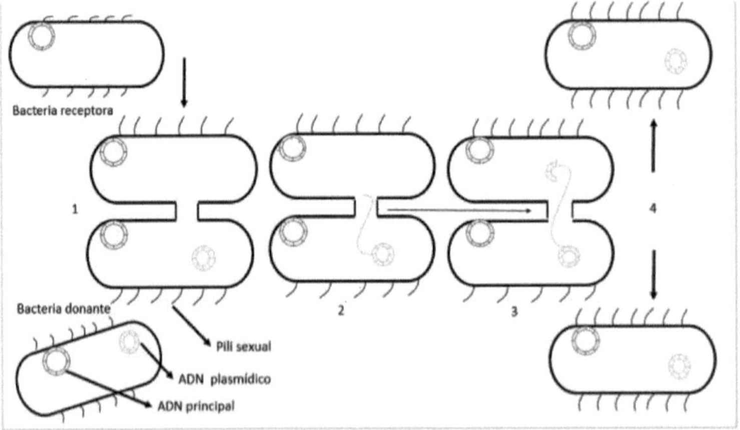

1: Formación de puente de conjugación. 2 transferencia de una hebra de ADN plasmídico.
3 Síntesis de la hebra complementaria 4.Las bacterias se separan conteniendo el ADN plasmídico

Figura 2. Proceso de conjugación

Generalmente se encuentran en las bacterias aunque también suelen estar en levaduras y no son esenciales para la célula, ellos contienen gen o genes que les proporcionan ventajas selectivas o adaptativas cuando se encuentran en un organismo. En la tabla 1 se relacionan diferentes características aportadas por los plásmidos y ejemplos de bacterias.

Químicamente el ADN plasmidico es una doble hélice con giro a la derecha (dextrógira) que tiene un esqueleto de fosfato y azúcar en el exterior y bases nitrogenadas en el interior unidas por puentes de hidrogeno (Curtis, H., Barnes, N. S. *et al.* 2007).

Los plásmidos son ampliamente utilizados en la biología molecular como vectores para la introducción de genes, los cuales después de ser clonados en ellos pueden ser incorporados en diferentes organismos. A nivel de laboratorio los plásmidos son fáciles de aislar, introducir y manipular en una célula huésped gracias a su pequeño tamaño. Un fenómeno de importancia considerable tanto en la investigación de los plásmidos como en la evolución y ecología es la incompatibilidad. Cuando un plásmido se inserta en una célula que contiene otro plásmido, muchas veces este último no se puede mantener perdiéndose durante el proceso de replicación celular. Por lo anterior se dicen que son incompatibles. La incompatibilidad está controlada por genes que se encuentran en ellos y existen muchos grupos incompatibles (Madigan, M., *et al* 2003).

Tabla 1. Fenotipos obtenidos por plásmidos en bacterias. Tomado Madigan, M., et al 2010

Clase de fenotipo	Organismo
Producción de antibióticos	*Streptomyces*
Conjugación	*Pseudomonas*
Funciones fisiológicas	
Degradación de octano, alcanfor	*Pseudomonas*
Degradación de herbicidas	*Alcaligenes*
Formación de acetonas y butanol	*Clostridium*
Utilización de lactosa, urea y fijación de nitrógeno	Bacterias entericas
Nodulación y fijación simbiótica del nitrógeno	*Rhizobium*
Producción de pigmentos	*Staphylococcus*
Resistencia	

Resistencia antibióticos	*Staphylococcus*
Resistencia a cadmio, cobalto, mercurio, niquel y/o zinc	*Pseudomonas*
Resistencia a bacteriocinas (y producción)	*Bacillus*
Virulencia	
Invasión de la célula hospedera	*Salmonella*
Coagulasa, hemolisina, enterotoxinas	*Bacillus, Staphylococcus*
Enterotoxinas y antígeno K	*Escherichia*
Tumorogenicidad en plantas	*Agrobacterium*

Para aislar el ADN plasmídico de las proteínas, carbohidratos, lípidos y RNA, se utilizan generalmente los mismos pasos en todos los seres vivos; siendo estos: a) homogenización de muestra o concentración de muestra b) lisis celular, c) eliminación de moléculas contaminantes y d) precipitación del ADN, con algunas variaciones en los métodos físicos y químicos dependiendo del grado de pureza que se requiera.

El método de extracción de ADN plasmídico más utilizado es el de lisis alcalina, el cual aprovecha las diferencias de tamaño y grado de torsión del ADN plasmídico con respecto al ADN principal de la bacteria. El ADN principal de las bacterias es una molécula única, circular, grande que no se encuentra superenrollada, mientras que los plásmidos son moléculas pequeñas, en gran número de copias y están enrollados o superenrollados. Durante el proceso de extracción se busca desnaturalizar el ADN y luego renaturalizarlo. Los plásmidos por ser pequeño y estar superenrollados se renaturalizan más rápido que el ADN principal; este último durante la renaturación queda atrapado por complejos proteicos los cuales lo hacen pesado ocasionando su precipitación (Lodish, H. et al 2002; Sambrook J, and Russell DW, 2001).

Objetivos

- Comprender el protocolo de extracción de ADN plasmídico.

- Potencializar habilidades cognitivas, sociales y verbales.

- Desarrollar destrezas en el manejo de instrumentos de laboratorio.

- Analizar la importancia de los plásmidos.

Materiales

- Cepa de *Pseudomonas fluorescens*
- Solución 1: 50mM de glucosa, 10mM EDTA, 25Mm y Tris HCI pH 8.0.
- solución 2: 0,2N NaOH, 1%SDS (recién preparada)
- solución 3: a 60 ml de 3M acetato de sodio se le adiciona 11.5 ml ácido acético glacial y 28.5 ml de agua fría.
- Etanol 95% y 70 %
- Incubadora
- Microcentrifuga
- Caldo Nutritivo con la bacteria
- Micropipetas
- Gradilla para tubo eppendorf.
- Tubos Eppendorf de 1.5 mL
- Toallas de papel.
- Micropipetas de 1000 µL
- Puntas azules para la Micropipetas
- Hielo

Metodología

Para la extracción del ADN plasmídico se utiliza la técnica de mini-prep de lisis alcalina descrita por Sambrook y Russell (2001), cuyos pasos son los siguientes con algunas modificaciones:

1. Incubar la bacteria en medio líquido Luria Bretaña durante toda la noche a 37 ° C.

2. Tomar 3 ml del cultivo anterior y centrifugar por 5 minutos a 14000 r.p.m y descartar el sobrenadante.

3. Resuspender el pellet en 100 µl de la solución 1 (50mM de glucosa, 10mM EDTA, 25Mm y Tris HCI pH 8.0) (debe encontrarse fría) e incubar por 5 minutos a temperatura ambiente.

4. Adicionar 200 µl De la solución 2 (0,2N NaOH, 1%SDS) (fría y recién preparada. Mezclar bien por inmersión e incubar por 5 minutos en hielo.

5. Adicionar 150 µl de la solución 3 (a 60 ml de 3M acetato de sodio se le adiciona 11.5 ml

ácido acético glacial 28.5 ml de agua fría) mezclar por inmersión e incubar por 5 minutos en hielo.

6. Centrifuga durante 10 minutos, 4 o C, 14000r.p.m. Cuidadosamente transferir el sobrenadante a otro tubo.

7. Adicionar etanol al 95% al sobrenadante e incubar 3 minutos a temperatura ambiente.

8. Centrifugar por 30 minutos y descartar el sobrenadante Adicionar etanol al 70% y centrifugar por 30 minutos, 4 °C, 14000 r.pm.
9. Por último se re suspende el pellet en 50 µl de TE (10 mM Tris HCl pH 8.0 y 1 mM EDTA pH 8.0), guardar a -20 °C hasta su uso.

Cuestionario

1. ¿Explique cuál es la función de cada uno de los componentes que hacen parte de la solución?

2. ¿Qué efecto tiene la solución 2 en el procedimiento de extracción del ADN?

3. ¿Cuál es la finalidad de la solución 3 en el procedimiento?

4. ¿Explique para que se agrega el etanol al 100% y al 70 % frio?

Bibliografía

- Curtis, H. y Barnes, N. Sue. 2000. Biología. Ed. Médica Panamericana. 6ª Edición. Madrid España.

- Lodish, H., Berk, H., Zipurssky, S. L., Matsudaira, P., Baltimore, D. Darnell, J. (2002). Biología Celular y Molecular (Cuarta Edición). Editorial Médica Panamericana. Madrid, España.

- Madigan, M., Martinko, J., Parker, Brock J. (2010) Brock, Biología de los microorganismos. 10 edición. Prentice Hall.

- Sambrook J, and Russell DW, (2001) Molecular Cloning: A laboratory manual, 3rd ed, Cold Spring Harbor Laboratory Press, New York.

Potencial antagónico de *Trichoderma harzianum.*

Por: Hugo Mauricio Jiménez M.

Introducción

Debido al alto uso de agroquímicos para el control de plagas y malezas, se está contaminando bastante el ambiente ya que estos químicos son compuestos xenobióticos, es decir sintetizados por el hombre y su degradación en el ambiente puede durar hasta 500 años.

Por lo anterior, es importante diseñar otras alternativas como el control biológico de fitopatógenos y plagas, ya que por su origen biológico no altera el ecosistema, es de fácil manejo y de bajo costo, lo que hoy en día se ha convertido en estrategia de control efectiva.

El control biológico es un método de control de plagas, enfermedades y malezas que consiste en utilizar organismos vivos con objeto de controlar las poblaciones de fitopatógenos.

El control biológico cuando funciona posee muchas ventajas entre las que se pueden destacar:

- Poco o ningún efecto nocivo colateral hacia otros organismos incluido el hombre.
- La resistencia de las plagas al control biológico es muy rara.
- El control biológico con frecuencia es a largo plazo y permanente.
- El tratamiento con insecticidas es eliminado significativamente.
- La relación coste/beneficio es muy favorable.
- Evita plagas secundarias.
- No existen problemas de intoxicaciones.

Desde el punto de vista económico, un enemigo natural efectivo (controlador biológico) es aquel que regula la densidad de población de una plaga y mantenerla en niveles abajo del umbral económico establecido para un determinado cultivo.

Aunque se han utilizado una gran diversidad de especies de enemigos naturales en una gran cantidad de programas de control biológico, las especies que han demostrado ser efectivas poseen en común ciertas características que deben ser consideradas en la planeación y conducción de nuevos programas como:

- Adaptabilidad a los cambios en las condiciones físicas del medio ambiente.
- Alto grado de especificidad a un determinado blanco (plaga a controlar).
- Alta capacidad de crecimiento poblacional con respecto a su blanco (plaga a controlar).

- Sincronización con la fenología del blanco (plaga a controlar) y capacidad de sobrevivir períodos en los que el blanco (plaga a controlar) esté ausente.
- Capaz de modificar su acción en función de su propia densidad y la del blanco (plaga a controlar).

Antes de realizar pruebas en campo de control biológico, es prioritario realizar estudios *in vitro* de los controladores biológicos con organismos blanco para analizar su efecto antagónico y predecir cómo sería su acción al ser utilizados.

Los bioensayos *in vitro* permiten observar el efecto benéfico o antagónico de un factor químico o biológico sobre el crecimiento de un organismo. Estos bioensayos se realizan en el laboratorio de microbiología bajo condiciones controladas y se obtienen resultados en corto tiempo.

Trichoderma harzianum se ha caracterizado por ser un buen controlador de microhongos fitopatógenos como *Verticillium albo – atrum, Rhizoctonia solani, Sclerotium cepivorum* y *Fusarium oxysporum*, entre otros, es ampliamente utilizado en biotecnología agrícola por su crecimiento optimo en producción a gran escala, y su fácil aplicación en campo.

Trichoderma harzianum es un microhongo del *Phylum Ascomycota,* que son un grupo muy diverso, y se encuentran en variados ambientes como suelo, agua salada, agua dulce y en todos los climas, presentan aplicaciones ecológicas como saprófitos y patógenos de plantas y animales. Estos microhongos presentan una fase sexual conocida como telomorfo por la formación de ascosporas y una asexual conocida como anamorfo por la formación de conidios.

Estos microhongos de fase asexual son de fácil cultivo *in vitro* y crecen rápidamente en medios de cultivo líquidos o sólidos, razón por la cual son utilizados ampliamente en biotecnología por su crecimiento optimo en bioprocesos.

Trichoderma harzianum se caracteriza por ser un microhongo de fase asexual por la formación de una fiálide cruciforme y formación de conidios de color verde pasto y su crecimiento es abundante.

Objetivos

- Realizar pruebas de antagonismo contra los fitopatógenos *Verticillium albo – atrum* y *Sclerotium cepivorum* utilizando el microhongo *Trichoderma harzianum.*

- Adquirir habilidades en el montaje de pruebas de antagonismo *in vitro*.

- Desarrollar destrezas en el manejo de instrumentos de laboratorio.

- Potencializar habilidades científicas.

Materiales, reactivos y equipos

- Microhongos *Trichoderma harzianum, Verticillium albo – atrum* y *Sclerotium cepivorum.*
- Cajas de Petri.
- Asa para microhongos.
- Erlenmeyer
- Medio de Cultivo Papa Dextrosa Agar (PDA).
- Agua Destilada.
- Autoclave.
- Cámara de Flujo Laminar.
- Incubadora.

Metodología

Preparación del Medio de Cultivo Papa Dextrosa Agar (PDA)

El volumen del Medio de Cultivo PDA para cada caja de petri es de 25 mL, así que es necesario realizar los cálculos a partir del Frasco Oxoid de Papa Dextrosa Agar, pesar la cantidad, adicionarla a un Erlenmeyer con el volumen de agua destilada requerido, tapar con papel aluminio y reforzar con papel y cinta de enmascarar, esterilizar en el autoclave junto con las cajas de petri, una vez pasada la esterilización servir el medio de cultivo en las cajas de petri en la cámara de flujo laminar.

Pruebas de Antagonismo

1. En cajas de petri con el medio de cultivo Papa Dextrosa Agar (PDA) sembrar con un asa para hongos un fragmento de *Trichoderma harzianum* y enfrentarlo con el microhongo de prueba a sembrar *Verticillium albo – atrum* y *Sclerotium cepivorum* respectivamente, como se observa en la Figura 3.

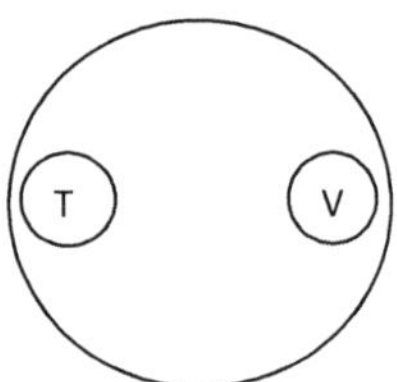

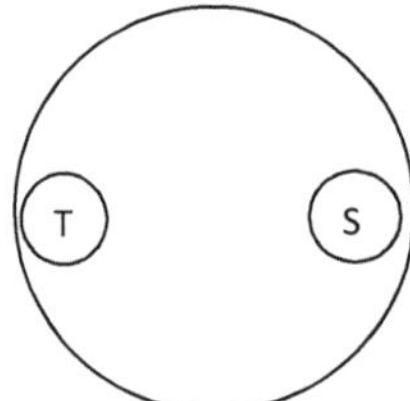

Figura 3. Esquema de siembra, T: *Trichoderma harzianum,* V: *Verticillium albo – atrum,* S: *Sclerotium cepivorum.*

2. Dejar incubando a 25 °C por 9 días.

3. **Medición del índice micelial** Después de la siembra de los microhongos, se realizan mediciones cada 3 días del crecimiento micelial correspondiente a cada prueba antagónica *in vitro*. Para medir el índice micelial se usó la ecuación que plantea Pérez et, tomado de (Bonilla, 2005), **((MB-MA)/MB)*100%)**, donde MA es crecimiento micelial influenciado y MB es crecimiento micelial libre (Ver Figura 4).

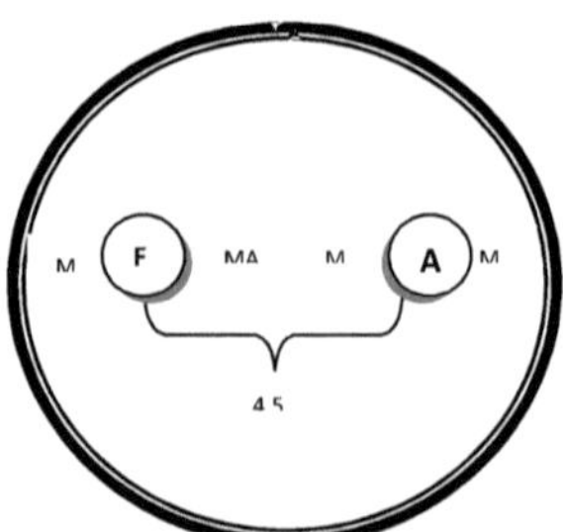

Figura 4. Esquema de la prueba de competencia, donde FP es el microhongo fitopatógeno, A es *T. harzianum*. MA crecimiento influenciado, MB crecimiento libre. Tomado de (Bonilla, 2005).

4. Observar las colonias, calcular el índice micelial de las colonias de los microhongos *Trichoderma harzianum, Verticillium albo – atrum* y *Sclerotium cepivorum.*

5. También observar si se presenta estructuras entre las colonias.

6. Concluir lo observado.

Cuestionario

1. Consulte otras pruebas de antagonismo *in vitro* entre microhongos controladores y microhongos y/o bacterias fitopatógenas.

2. Consulte pruebas de antagonismo *in vivo* entre microhongos controladores y microhongos y/o bacterias fitopatógenas.

3. Consulte otras especies de microhongos utilizados en control biológico.

4. Consulte especies de bacterias utilizados en control biológico.

Bibliografía

- Bonilla, A. 2005. Estrategias adaptativas de plantas de paramo y Bosque Alto Andino en la Cordillera Oriental de Colombia. Bogotá. Universidad Nacional de Colombia, Facultad de Ciencias.

- Caicedo, V., 2014. Evaluación del efecto antagónico de *Trichoderma harzianum* frente a microhongos y bacterias fitopatógenas del Cepario del Laboratorio de Biotecnología – UPN. Trabajo de Grado. Depto. Biología. Universidad Pedagógica Nacional. Colombia.

- Jiménez, H.M., 2007. Guías de Laboratorio de Agromicrobiología. Universidad de Pamplona. Facultad de Ciencias Básicas. Departamento de Microbiología. Colombia.

Cibergrafía

- Control Biológico: https://www.ecured.cu/Control_biologico
Fecha de Revisión: Mayo 14 de 2019.

Biofertilizantes para la mejora del crecimiento y desarrollo de la Soya.

Por: Silvia Gómez Daza.

Introducción

Las plantas para su crecimiento y desarrollo requieren de nutrientes que toman del aire y del suelo; entre más rico sea el suelo ellas crecerán mejor y producirán mayores rendimientos. Sin embargo, si uno solo de los nutrientes necesarios es escaso, su crecimiento y producción disminuye. En consecuencia, en la agricultura se emplean fertilizantes para proveer a los cultivos nutrientes mejorando la producción.

Un fertilizante es una mezcla química, orgánica o biológica utilizada para enriquecer el suelo con nutrientes y favorecer el crecimiento vegetal. Para que un producto sea considerado como fertilizante es indispensable que sea soluble y químicamente disponible para la planta, ya que de los 18 elementos nutricionales considerados como esenciales para las plantas, 15 de ellos son tomados en solución como iones. La forma química en la cual la planta absorbe todos los nutrientes necesarios para su correcto desarrollo es la misma independiente del origen.

Los fertilizantes químicos son productos inorgánicos obtenidos mediante procesos químicos, elaborados en laboratorios o fabricas siendo pocos amigables con el ambiente; los orgánicos son los que se producen de la descomposición de restos de materiales vegetales y animales muertos y los biológicos o biofertilizantes son productos a base de microorganismos benéficos del suelo, en especial bacterias y/u hongos, que pueden vivir asociados o en simbiosis con las plantas y ayudan de manera natural a su nutrición y crecimiento, además de ser mejoradores de suelo.

Dentro de los biofertilizantes existen diferentes tipos: los que producen factores de crecimiento, los captadores y solubilizadores de fósforo y los fijadores de nitrógeno. Los microorganismos promotores del desarrollo vegetativo son aquellos que durante su actividad metabólica producen y liberan sustancias reguladoras de crecimiento (auxinas, citoquininas y etileno) para la planta, ejemplos *Trichoderma harzianum, Enterobacter aerogenes, Azotobacter sp y Bacillus mycoides* (González, H. y Fuentes, N. 2017).

Los captadores de fósforo tienen la capacidad de aumentar el área de captación y absorción de nutrientes principalmente el fósforo a través de las raíces de las plantas (micorrizas). Las micorrizas son asociaciones simbióticas o mutualistas de raíces de plantas y hongos que permiten el aumento de la velocidad de captación de Fósforo (P) y otros nutrientes como el Nitrógeno (N), Hierro (Fe) y Cobre (Cu). Existen dos clases de micorrizas: ectomycorrizas y endomycorrizas. En las ectomycorrizas las células del hongo forman una vaina de gran tamaño, con una ligera penetración de las hifas hacia el interior del tejido radical y las endomycorrizas se encuentran principalmente en los árboles que forman bosques, especialmente las coníferas, hayas y robles, y están más desarrolladas en los bosques boreales y de zonas templadas (Madigan, et al., 2010).

Los organismos relacionados en las transformaciones del fósforo (solubilizadores de fósforo) en el suelo incluyen bacterias, hongos, chromista, protozoos y algunos nemátodos. En general, los microorganismos del suelo dinamizan el ciclo del P a través de procesos de mineralización, inmovilización y solubilización, los cuales están relacionados con su metabolismo nutricional. Los mecanismos empleados son: la producción de ácidos orgánicos, la producción de protones (normalmente asociada a la asimilación de NH_4^+ y/o a los procesos respiratorios), y la producción de ácidos inorgánicos y CO_2. Dentro de los géneros de microorganismos utilizados para la solubilización se encuentra: *Pseudomonas putida, Micrococcus, Bacillus subtilis, Aspergillus niger,* entre otros (Patiño C. y Sanclemente O. 2014).

Los microorganismos fijadores de Nitrógeno (N) tienen la capacidad de transformar el nitrógeno atmosférico en amonio y así poder suministrarlo a los cultivos, este proceso ocurre mediante la simbiosis planta-bacteria. Una de las interacciones más interesantes e importantes es la que hay entre bacterias del género *Rhizobium y Bradyrhizobium* y las leguminosas (soya, frijol, trébol, alfalfa chicharos etc.). La bacteria induce la formación de nódulos en las raíces dentro de los cuales se lleva a cabo el proceso de fijación del N. Bajo condiciones normales si la planta o la bacteria están solas no ocurre el proceso, es necesario la asociación de ellas. La planta proporciona la fuente orgánica de energía necesitada por la bacteria del nódulo radicular y la bacteria proporciona el nitrógeno fijado para el desarrollo de la planta. De tal manera que las plantas con nódulos en sus raíces pueden crecer en ambientes pobres de nitrógeno donde otras son incapaces de creer. En campo, el *Rhizobium* es capaz de fijar el N solo en condiciones microaerofílicas controladas de oxígeno, dentro del nódulo las cantidades de este compuesto está controlada por la leghemoglobina que sirve de "amortiguador de oxígeno" uniéndose a este; la formación de esta proteína es inducida por la interacción simbiótica de estos dos organismos (Madigan, et al, 2010).

En la simbiosis, la planta tiene la información genética para la infección simbiótica y la nodulación; el papel de la bacteria es disparar el proceso. Las etapas de infección y desarrollo del nódulo incluyen: a) atracción quimiotáctica de la bacteria por la planta, b) fijación bacteriana a los pelos radiculares, c) invasión de los pelos de la raíz por la formación de una cadena de bacterias, d) desarrollo bacteriano hacia las células de la raíz, e) formación de bacteroides dentro de las células vegetales y desarrollo del estado fijador del nitrógeno y f) división celular continua de la planta y las bacterias así como la formación del radicular maduro (Madigan, et al., 2010).

Además de la relación leguminosas-rizobio, tiene lugar la simbiosis de fijación de nitrógeno entre plantas no leguminosas y otros microorganismos. El helecho de agua (*Azolla*) tiene la característica de asociarse con cianobacterias en los cuerpos de agua, especialmente con Anabaena (*Anabaena azollae*) y de esta manera fijar nitrógeno atmosférico. Esta cianobacteria tiene la capacidad de fijar nitrógeno atmosférico, alcanzando los 1200 Kg de nitrógeno fijado por hectárea y por año bajo condiciones óptimas de temperatura, suelo y composición química de suelo y agua. Por lo anterior se considera que *Azolla-Anabaena* puede ser una fuente natural de nitrógeno muy importante dentro de la agricultura se ha empleado en cultivos de arroz y maíz (Montaño M. 2005 y Aldás J., et al 2016).

Objetivos

- Analizar los efectos que tienen los fertilizantes sobre el desarrollo de la soya.

- Potencializar habilidades cognitivas y científicas.

- Comprender la importancia de los biofertilizantes.

- Desarrollar destrezas procedimentales.

Materiales

- Semillas de soya (3-5 por cada tratamiento)
- Algodón
- Agua
- Cuatro recipientes con suelo, uno para cada tratamiento.
    - Tratamiento 1: control (solo agua)
    - Tratamiento 2: fertilizante químico
    - Tratamiento 3: fertilizante biológico: biofertilizante (*Rhizobiol* https://repository.agrosavia.co/handle/20.500.12324/20746)
    - Tratamiento 4: fertilizante orgánico (mezcla de cascara de huevo, granos de café y estiércol de gallina)

Metodología

1. Tome entre 3 y 5 semillas por cada tratamiento.

2. Dependiendo del tratamiento realice el siguiente procedimiento:

    2.1 Para el primer tratamiento solo agregarle agua cuando encuentre el suelo casi seca.

    2.2 Para el segundo tratamiento que es el fertilizante químico agréguelo cuando la planta tenga 4 hojas verdaderas y adicione agua cuando encuentre el suelo casi seco.

2.3 Para el tercer tratamiento que es con el biofertilizante (Rhizobiol) el cual se encuentra en presentación líquida a base de bacterias simbióticas fijadoras de nitrógeno específicas para el cultivo de soya realice lo siguiente: coloque el contenido del biofertilizante en un recipiente limpio y agregue la semilla, luego mezclar hasta que toda la semilla quede bien cubierta con el producto. Posteriormente dejar secar a la sombra. Por último sembrar la semilla inmediatamente en suelo.

2.4 Para el cuarto   tratamiento que es el fertilizante orgánico agréguelo cuando la planta tenga 2 hojas verdaderas y adicione agua cuando encuentre el suelo casi seco.

NOTA: Para los tratamientos 1, 2 y 4   poner primero a germinar la semilla en algodón humedecido para luego sembrar en tierra.

3. Hacerle seguimiento a cada uno de los tratamientos todas las semanas durante dos meses y medio; realizar el informe donde incluya la siguiente tabla para cada tratamiento:

Tratamiento (tto)	Semana			
Aspecto a observar y describir	Cantidad de hojas	Descripción de tallo	Color de las hojas	Tamaño y grosor del tallo.
Semillas con agua (tto 1)				
Semillas con fertilizante químico (tto 2)				
Semillas con biofertilizante: *Rhizobiol* (tto ·3)				
Semillas con fertilizante orgánico (tto ·4)				

Cuestionario

1. Escribe en dos párrafos a qué conclusiones puedes llegar con los resultados obtenidos.

2. Compara tus resultados con los de tus compañeros y en dos párrafos comenta a qué conclusiones puedes llegar y explica el por qué.

3. Realice un mapa conceptual con el tema de fertilizantes.

4. Explique cuál es la importancia del uso de los biofertilizantes.

Bibliografía

- González, H.; Fuentes, N. (2017). Mecanismo de acción de cinco microorganismos promotores de crecimiento vegetal. Rev. Cienc. Agr. 34(1): 17-31. doi: http://dx.doi.org/10.22267/rcia.173401.60.

- Madigan, M., Martinko, J., Parker, Brock J. (2010) Brock, Biología de los microorganismos. 10 edición. Prentice Hall.

- Montaño M. (2005) Estudio de la aplicación de *Azolla Anabaena* como bioabono en el cultivo de arroz en el Litoral ecuatoriano. Rev. Tecnol.18(1): 147-51

- Aldás J., Z. J., Cruz E., Villacís L, Pomboza P., León O. (2016) Efecto biofertilizante de Azolla - Anabaena en el cultivo de maíz (*Zea mays* L.) Fertilizer effect Azolla - Anabaena in maize (Zea mays L.) *J Selva Andina Biosph.* 4 (2):109-115.

- Patiño, C., y Sanclemente, O. (2014). *Los microorganismos solubilizadores de fósforo (MSF): una alternativa biotecnológica para una agricultura sostenible.* Revista: Entramado. Vol. 10. N°2. Universidad Libre de Colombia. Recuperado de: http://www.redalyc.org/pdf/2654/265433711018.pdf

- *Rhizobiol https://repository.agrosavia.co/handle/20.500.12324/20746*

yes
I want morebooks!

Buy your books fast and straightforward online - at one of world's fastest growing online book stores! Environmentally sound due to Print-on-Demand technologies.

Buy your books online at
www.morebooks.shop

¡Compre sus libros rápido y directo en internet, en una de las librerías en línea con mayor crecimiento en el mundo! Producción que protege el medio ambiente a través de las tecnologías de impresión bajo demanda.

Compre sus libros online en
www.morebooks.shop

KS OmniScriptum Publishing
Brivibas gatve 197
LV-1039 Riga, Latvia
Telefax: +371 686 204 55

info@omniscriptum.com
www.omniscriptum.com

Printed by Books on Demand GmbH, Norderstedt / Germany